Ai

康英 冀松 王永涛 ◎ 主编

陈显 张军丽 孙玉珍 ◎ 副主编

U0276559

中文版 Illustrator CC
基础培训教程

移动学习版

人民邮电出版社

北京

图书在版编目（CIP）数据

中文版Illustrator CC基础培训教程：移动学习版 /
康英，冀松，王永涛主编. -- 北京：人民邮电出版社，
2019.3（2024.6重印）
ISBN 978-7-115-50483-8

Ⅰ．①中… Ⅱ．①康… ②冀… ③王… Ⅲ．①图形软
件－教材 Ⅳ．①TP391.412

中国版本图书馆CIP数据核字(2019)第033618号

内 容 提 要

Adobe Illustrator 作为著名的矢量图形软件，凭借其强大的功能和良好的用户界面受到广大用户的青睐。本书针对目前流行的 Illustrator CC 软件，讲解 Illustrator 各个工具和功能的使用方法：首先详细介绍 Illustrator 基础知识，介绍图形的绘制与编辑、图形的描边与上色、复杂图形的绘制、图形高级编辑等操作；然后再逐步深入，探讨图层与蒙版、文字与图表、图形外观效果和切片、任务自动化与打印在图像处理中的应用；最后将 Illustrator 操作与图像处理相结合，通过包装设计、平面设计、招贴与手绘设计 3 个案例对全书知识进行综合应用。

为了便于读者更好地学习，本书除了设置"疑难解答""技巧""提示"小栏目，在需要扩展、详解的知识点及操作步骤旁均附有相应的视频，读者通过用手机或平板电脑扫描对应二维码，即可观看该知识点的详解及操作步骤的视频演示。

本书不仅可作为各院校艺术设计相关专业的教材，还可供从事平面设计、插画、包装设计及影视广告等工作的人员学习和参考。

♦ 主　编　康　英　冀　松　王永涛
　　副主编　陈　显　张军丽　孙玉珍
　　责任编辑　税梦玲
　　责任印制　焦志炜

♦ 人民邮电出版社出版发行　　北京市丰台区成寿寺路 11 号
　　邮编　100164　电子邮件　315@ptpress.com.cn
　　网址　http://www.ptpress.com.cn
　　北京鑫丰华彩印有限公司印刷

♦ 开本：787×1092　1/16
　　印张：17　　　　　　　　2019 年 3 月第 1 版
　　字数：545 千字　　　　　2024 年 6 月北京第 19 次印刷

定价：49.80 元
读者服务热线：(010)81055256　印装质量热线：(010)81055316
反盗版热线：(010)81055315
广告经营许可证：京东市监广登字 20170147 号

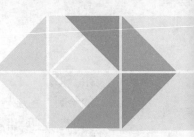

前言
PREFACE

    Illustrator是一款广泛应用于印刷、出版、广告、插画等领域的矢量图形制作软件。据不完全统计，全球约有37%的设计师使用Illustrator进行图形绘制与设计，它是图形图像设计中最常用的软件之一。

    为了帮助院校更好地开展Illustrator的教学工作，我们认真总结了教材编写经验，深入调研院校的教材需求，组建了一个有经验的作者团队编写了本教材，以帮助各类院校快速培养优秀的Illustrator技能型人才。

    本着"学用结合"的原则，我们在教学方法、教学内容、教学资源3个方面体现了自己的特色。

📌 教学方法

    本书精心设计了"课堂案例→知识讲解→课堂练习→上机实训→课后练习"5段教学法，以激发学生的学习兴趣。通过对理论知识的讲解和经典案例的分析，训练学生的动手能力，再辅以课堂练习和课后练习帮助学生强化并巩固所学的知识和技能，达到提高学生实际应用能力的目的。

- ◎ **课堂案例：**除了基础知识部分，涉及操作的知识均在每节开头以课堂案例的形式引入，让学生在操作中掌握该节知识在实际工作中的应用。
- ◎ **知识讲解：**深入浅出地讲解理论知识，对课堂案例涉及的知识进行扩展与巩固，让学生理解课堂案例的操作。
- ◎ **课堂练习：**紧密结合课堂讲解的内容给出操作要求，并提供适当的操作思路以及专业背景知识供学生参考。该部分练习要求学生独立完成，以充分训练学生的动手能力，并提高独立完成任务的能力。
- ◎ **上机实训：**精选案例，对案例要求进行定位，对案例效果进行分析，并给出操作的思路，帮助学生分析案例并根据思路提示独立完成操作。
- ◎ **课后练习：**结合每章内容给出几道操作题，学生可通过练习，强化巩固每章所学知识，从而温故知新。

📚 教学内容

    本书的教学目标是循序渐进地帮助学生掌握矢量图形绘制和平面设计的相关知识，同时掌握Illustrator CC的相关操作。全书共10章，可分为以下4个方面的内容。

- ◎ **第1章：**讲解Illustrator与图形设计的基础知识，包括Illustrator CC的工作界面、文件管理、辅助工具等。

◎ **第2~8章：** 主要讲解Illustrator CC中图形绘制的方法和各个工具的使用方法，包括图形的绘制、图层与蒙版、文字与图表、图形外观的编辑等。

◎ **第9章：** 主要讲解切片、任务自动化、打印和输出文件等知识。

◎ **第10章：** 综合应用本书所学知识进行矢量图形绘制，包括包装设计、平面设计、招贴与手绘设计等。

📋 教学资源

本书提供立体化的教学资源，以丰富教师的教学形式。读者请前往box.ptpress.com.cn/y/50483下载。本书的教学资源具体包括以下5个方面的内容。

01 教学视频

本书在讲解与Illustrator相关的操作、实例制作过程时均录制了教学视频，读者可通过扫描书中二维码进行学习，也可扫描封面二维码，关注"人邮云课"公众号，将本书视频"加入"手机。

02 素材文件与效果文件

提供本书所有实例涉及的素材与效果文件。

03 模拟试题库

提供丰富的与Illustrator相关的试题，读者可自由组合出不同的试卷进行测试。另外，还提供了两套完整的模拟试题，以便读者测试和练习。

04 PPT 和教学教案

提供教学PPT和教学教案，以辅助老师顺利开展教学工作。

05 拓展资源

提供图片设计素材、笔刷素材和Illustrator图像处理技巧文档等资源。

作　者
2018年11月

目录
CONTENTS

第1章

初识Illustrator

Adobe Illustrator常被称为"AI"，是Adobe公司开发的一款工业标准矢量插画软件，被广泛应用于出版、多媒体和在线图像设计等领域。该软件具有图形绘制、图形优化以及艺术处理等多方面的功能，能充分满足设计者的实际工作需要。本章主要对Illustrator CC图形设计基础、工作界面、文件管理以及辅助工具等知识进行讲解。

课堂学习目标

- 了解 Illustrator与图像设计基础
- 熟悉 Illustrator CC的工作界面
- 掌握 Illustrator CC文件的基本管理
- 掌握辅助工具的使用方法

课堂内容展示

插图

海报

生日卡片

1.1 Illustrator与图像设计基础

使用Illustrator CC设计图像之前，需要先了解Illustrator CC的应用领域，再学习图像设计的基础知识，如矢量图、位图、像素、分辨率、图像的色彩模式等，读者只有熟悉Illustrator CC中图像的基础知识，才能为后期处理和设计图像效果打下基础。

1.1.1 Illustrator CC 的应用领域

Illustrator CC是如今图像制作领域功能较为强大的软件之一，在学习Illustrator CC的操作方法前，需对其应用领域有一定的认识和了解。下面对Illustrator CC常见应用领域进行介绍。

图1-1　平面广告设计

- 平面广告设计：Illustrator在平面广告设计领域的运用非常广泛，如制作招贴式的促销宣传传单、POP海报、公益广告或手册式宣传广告等。这些具有丰富图像的平面印刷品，都能通过它进行设计与制作，图1-1所示即为设计的平面广告。

- VI设计：VI设计是一种明确认知企业理念、形象和企业文化的整体设计，又被称为"企业统一形象设计"。它通过对产品包装、广告等统一视觉的一致性设计，赋予产品固定形象，增强其在市场上的辨识度，如图1-2所示。

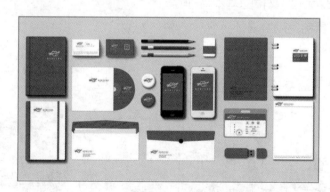

图1-2　VI设计

- 网页设计：网页是使用多媒体技术在计算机网络与用户之间建立的具有展示和交互功能的虚拟界面。利用Illustrator可基于平面设计理念对版面进行设计，并将制作好的版面导入相应的动画软件中进行处理，即可生成互动式的网页版面，图1-3所示为网站设计首页。

- 插图设计：Illustrator可以在计算机上模拟画笔绘制多样的插画和插图，不但能表现出逼真的传统绘画效果，还能制作出画笔无法实现的特殊效果，如图1-4所示。

- 产品包装设计：产品包装设计即指选用合适的包装材料，基于产品本身的特性以及受众的喜好等相关因素，运用巧妙的工艺制作手段，为产品进行的美化装饰设计。产品包装设计包含产品容器设计，产品内外包装设计，吊牌、标签设计，运输包装、礼品包装设计和拎袋设计等，如图1-5所示。

图1-3　网页设计

图1-4　插图设计

● 海报招贴设计：海报招贴即宣传画，属于户外广告中的一种，主要用来完成一定的宣传任务，使公司或店铺的促销信息能够快速地在人群中传播。图1-6所示即为带有促销信息的海报效果。

图1-5　产品包装设计

图1-6　海报招贴设计

● 画册设计：画册是企业展现的重点，是由流畅的线条、和谐的图片，以及优美文字，装订成的富有创意，又具有可读、可赏性的精美画册。画册可以全方位立体展示企业或个人的风貌、理念、宣传产品和品牌形象。图1-7所示即为画册设计效果。

● 商标设计：简称Logo设计，是指生产者、经营者为使自己的商品或服务与他人的商品或服务相区别，经常使用在商品及其包装上或服务标记上的，由文字、字母、数字、图形、三维标志和颜色等要素组合而成的一种可视性标志，如图1-8所示。

图1-7　画册设计

图1-8　商标设计

1.1.2 位图与矢量图

位图和矢量图是图像显示效果好坏的关键，也是图像设计的重点。位图亦称为点阵图像或绘制图像，是由单个像素点组成的，显示效果与分辨率有关，单位面积内像素越多，分辨率就越高，图像效果就越好。图1-9所示为位图放大后的效果。矢量图又称为向量图，矢量图中的图形元素（点和线段）称为对象，每个对象都是一个单独的个体，它具有大小、方向、轮廓、颜色和屏幕位置等属性。将矢量图无限放大，图像都具有同样平滑的边缘和清晰的视觉效果，但聚焦和灯光的质量很难在矢量图中获得，且不能很好地被表现。图1-10所示为矢量图原图和放大后的效果。

图1-9 位图　　　　　　　　　　　　　　　　图1-10 矢量图

1.1.3 像素与分辨率

像素是构成位图的最小单位，位图是由一个个像素组成的。一幅相同的图像，其像素越多，图像越清晰，效果越逼真，如图1-11所示。分辨率是指单位长度上的像素数目。单位长度上的像素点数目越多，分辨率越高，图像越清晰，所需的存储空间也就越大。同时，图像的分辨率和图像大小之间也有着密切的关系，图像的分辨率越高，所包含的像素点就越多，图像的信息量就越大，文件也就越大。图1-12所示为图像分辨率低和高的对比效果。

图1-11 像素效果　　　　　　　　　　　　　图1-12 分辨率效果

提示　通常用于屏幕显示和网络中的图像，其分辨率只需要72dpi（每英寸点数，1英寸=2.54厘米）；用于彩色喷墨打印机输出时，图像分辨率为180dpi～720dpi；用于写真或印刷时，图像分辨率需为300dpi。

1.1.4 颜色模式

颜色模式是将某种颜色表现为数字形式的模式，或者说是一种记录图像颜色的方式。在Illustrator中选择【窗口】/【颜色】命令，打开"颜色"面板，单击右上角的按钮，在弹出的菜单中罗列了多种颜色模式，如图1-13所示，分别为"灰度"模式、"RGB"模式、"HSB"模式、"CMYK"模式、"Web安全RGB"模式等，下面分别进行介绍。

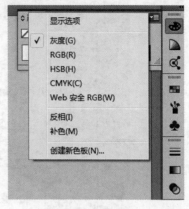

图1-13 颜色模式

- "灰度"模式：指纯白、纯黑以及两者中的一系列从黑到白的过渡色的色彩模式。灰度色中不包含任何色相，即不存在红色、黄色这样的颜色。灰度的通常表示方法是百分比，范围从0%到100%。百分比越高颜色越偏黑，百分比越低颜色越偏白。
- "RGB"模式：RGB模式是由红、绿和蓝3种颜色按不同的比例混合而成，也称真彩色模式，是最常见的一种色彩模式。
- "HSB"模式：HSB模式是基于人对颜色的心理感受的一种颜色模式。其颜色特性主要由色相（Hue）、饱和度（Saturation）和亮度（Brightness）构成。
- "CMYK"模式：CMYK模式是印刷时常使用的一种颜色模式，由青、洋红、黄和黑4种颜色按不同的比例混合而成。CMYK模式包含的颜色比RGB模式少很多，所以在屏幕上显示时会比印刷出来的颜色丰富些。
- "Web安全RGB"模式：它提供了可以在网页中安全使用的RGB颜色，这些颜色在所有系统的显示器上都不会发生任何变化。

技巧 除了通过"颜色"命令设置色彩模式外，还可选择【文件】/【新建】命令，创建文档时，在打开的对话框中为文档设置颜色模式。如果要修改现有文档的颜色模式，可以选择【文件】/【文档颜色模式】命令进行转换。

1.2 Illustrator CC的工作界面

学习Illustrator CC前除了要对图形设计的基础知识进行了解外，还需要认识Illustrator的工作界面。熟悉界面布局、了解各个组成部分的作用，以及预设工作区和新建、管理工作区等。

1.2.1 熟悉 Illustrator CC 界面

启动Illustrator CC后便进入其工作界面。该界面主要由菜单栏、工具属性栏、文档窗口、工具箱、面板堆栈以及状态栏等组成，如图1-14所示。

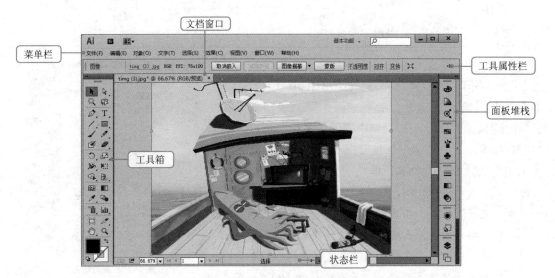

图1-14　Illustrator CC 工作界面

下面介绍各主要组成部分的作用。

● 菜单栏：Illustrator CC的菜单栏中包含了文件、编辑、对象、文字、选择、效果、视图、窗口和帮助9个主菜单。选择某一个菜单选项，在弹出的菜单中选择一个命令，即可执行该命令。同时，它们按照功能分为不同的组，组与组之间采用分隔线进行分隔，其中带有三角形标记的命令下还包含了下一级菜单，如图1-15所示。如果命令右侧有"..."符号，表示执行该命令时，将打开相应对话框。

● 工具属性栏：工具属性栏用于显示当前使用工具箱中工具的属性。在选择不同的工具后，工具属性栏的选项会随着当前工具的改变而发生相应的变化。如选择画笔工具 后，工具属性栏中即显示与画笔工具相关的描边、不透明度和样式等参数选项。

● 文档窗口：打开文件后，文档窗口中会自动显示该文件的名称、格式、窗口缩放比例以及颜色模式等信息。

● 工具箱：工具箱中集合了用于创建和编辑图形、图像和页面元素的各种工具。默认位置在工作界面左侧，通过拖动工具箱的顶部可以将其移动到工作界面的任意位置。有的工具按钮右下角有一个黑色的小三角标记，表示该工具位于一个工具组中。其中还有一些隐藏的工具，在该工具按钮上按住鼠标左键不放或使用右键单击，可显示该工具组中隐藏的工具，如图1-16所示。

知识链接
各工具的功能

图1-15　菜单栏

图1-16　工具箱

● 面板堆栈：Illustrator提供了24种面板，主要用于配合编辑图稿、设置工具参数和选项等。系统默认打开的面板是在操作过程中需经常使用的，位于操作窗口的最右侧。也可以通过"窗

口"菜单打开所需的各种面板。单击面板区左上角的 ▶▶ 按钮,可将面板折叠成图标显示。单击其中的任一图标,可展开隐藏的面板,面板堆栈即为隐藏面板后展现的图标。

● 状态栏:状态栏位于文档窗口底部,它显示了当前文档窗口的显示比例、画板数量、当前使用工具等信息。单击"在Behance上共享"按钮 ☑,可将当前图稿上传到Behance网站上共享。在"显示比例"文本框中输入数值后按【Enter】键可以改变文档的显示比例;单击"画板导航"右侧的下拉按钮 ▼,在弹出的下拉列表中可选择某一个画板,也可单击"首项""上一项""下一项""末项"按钮 ◀◀ ◀ ▶ ▶▶ 切换画板;单击工具信息右侧的"展开"按钮 ▶,在展开的"显示"下拉列表中可选择状态栏显示的内容。

疑难解答 按对应快捷键可切换工具或打开面板,那么菜单栏是否也有相同功能?

在菜单栏中,某些命令右侧也有对应快捷键,用户可按快捷键来执行相应命令,而不必打开菜单。如按【Ctrl+G】组合键,即可执行【对象】/【编组】命令。如果命令右侧只显示了一个字母,那么需要按"Alt+主菜单对应字母+命令字母"来执行此命令。如按【Shift+Ctrl+]】组合键可执行【对象】/【排列】/【置于顶层】命令。

1.2.2 预设工作区

Illustrator设计了具有针对性的工作区,每一个工作区都包含不同的面板,且面板的位置和大小都有利于当前编辑操作。选择【窗口】/【工作区】命令,在弹出的子菜单中选择对应工作区命令,即可将当前工作区切换到预设的工作区状态。图1-17所示为当前工作区状态;图1-18所示为预设工作区状态。

图1-17 当前工作区状态

图1-18 预设工作区状态

1.2.3 新建和管理工作区

在工作界面的调整过程中,除了可预设工作区外,还可对工作区进行新建和管理。下面分别对新建和管理工作区的方法进行介绍。

- 新建工作区：新建工作区可以让用户根据自己的喜好调整工作区各个组成部分的位置，以满足个人的使用需求。只需选择【窗口】/【工作区】/【新建工作区】命令，打开"新建工作区"对话框，输入新工作区的名称，单击 确定 按钮即可完成工作区的新建操作。此时将显示新建工作区的各个面板，拖动各个面板即可调整面板的位置。

- 管理工作区：如果要对工作区进行新建、重命名或删除等操作，可选择【窗口】/【工作区】/【管理工作区】命令，打开"管理工作区"对话框，在其中可重命名工作区、新建工作区和删除工作区，完成后单击 确定 按钮。

1.3 Illustrator CC文件的基本操作

前两节已经对Illustrator CC的应用领域、工作界面等知识进行了介绍，使读者对该软件有了基本认识。在实际使用该软件时，还必须掌握常见的文档操作，如文件的新建、打开和关闭、浏览图像、置入和导出与存储文件等。

1.3.1 新建文件

如果要设计一幅作品，首先需要新建一个文件。在Illustrator 中，用户可以通过命令创建一个自定义的文件，也可以使用Illustrator 预设模板创建文件。下面将分别介绍新建文件操作。

- 使用命令新建文件：选择【文件】/【新建】命令，打开图1-19所示的"新建文档"对话框。在该对话框中可根据需要对名称、大小、单位、宽度和高度、颜色模式等参数进行设置，然后单击 确定 按钮，即可建立一个空白新文件。

- 通过模板新建文件：Illustrator中有许多预设模板，如信纸、名片、标签、证书、明信片和贺卡等。用户通过预设的模板可以快速新建各种既美观又专业的文件，以提高工作效率。其方法为：选择【文件】/【从模板新建】命令，打开"从模板新建"对话框，选择需要的模板文档，如图1-20所示，单击 新建(N) 按钮，即可新建模板文件。

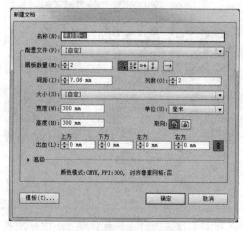

图1-19 使用命令新建文件

图1-20 使用模板新建文件

1.3.2 打开和关闭文件

在Illustrator中，打开和关闭文件是最基本的操作之一，方法有多种。用户要想对某个文件进行操作，需要先打开该文件，当完成操作后再将其关闭。下面分别对打开和关闭文件的方法进行介绍。

- 打开文件：在Illustrator中，选择【文件】/【打开】命令或按【Ctrl+O】组合键，打开"打开"对话框，在其中找到要打开的文件并双击鼠标左键，或先选中该文件再单击 [打开] 按钮即可将其打开。
- 关闭文件：选择【文件】/【退出】命令可关闭当前文件，或直接单击"关闭"按钮 [×] 可关闭程序。

◎ **提示** 如果在关闭文件前保存了文件，则关闭文件即消失；如果最后一次保存文件后又修改了文件，就会弹出一个提示框，询问在关闭文件前是否想保存更改。此时如果单击 [否] 按钮或按【D】键，那么自最后一次保存文件以来对文件所做的更改都会丢失；如果单击 [取消] 按钮或按【Esc】键则返回到工作界面，可继续编辑文件。

1.3.3 浏览图像

打开文件后，若需要更加详细地查看和处理图像细节，如放大或缩小视图、调整对象在窗口中的显示位置，可通过缩放工具、"导航器"面板、抓手工具等不同的方法进行浏览，以满足用户的不同需求。下面分别对浏览图像方法进行介绍。

- 缩放工具：选择工具箱中的缩放工具 [🔍]，并将鼠标指针移动到图像窗口中，此时鼠标指针会呈放大镜显示，其内部还显示一个"+"。在图像任一位置单击鼠标，可将当前图像一倍放大，且单击处将出现在屏幕中间。若需要缩小图像，可按住【Alt】键再次选择缩放工具 [🔍]，单击需要缩放的区域即可缩小图像。
- "导航器"面板：如果窗口图像的放大倍率较大，能看到的图像范围将很小，这时使用缩放工具查看图像就显得不太便捷。此时可选择【窗口】/【导航器】命令，打开"导航器"面板，在其中浏览图像。
- 抓手工具：使用抓手工具 [✋] 可以任意移动图像以便查看图像。只需打开要查看的图像，在工具箱中选择抓手工具 [✋] 或按【H】键，将鼠标指针移动至图像中，此时，鼠标指针将变为 [✋] 形状，按住鼠标左键不放拖动，即可查看图像内容。

1.3.4 置入和导出文件

在Illustrator CC中打开或浏览图像后，如果发现有一些较好的图像元素，可通过置入的方式将其添加至当前文档中，不必从无到有地进行创作，以节省时间。在完成作品创作后，还可将其导出为不同的文件格式，便于后期查看。下面分别对置入和导出文件的方法进行介绍。

1. 置入文件

在Illustrator CC中，可以置入多种类型的图像文件，包括位图和矢量图。其方法为：打开图像，选择【文件】/【置入】命令，打开"置入"对话框，选择要置入的图像，单击 按钮即可，如图1-21所示。

图1-21　置入文件

2. 导出文件

导出文件是将绘制完成后的图像文件导出为其他图像文件格式，方便在其他图像文件中打开和使用。常见的导出文件格式包括**TIFF**、**JPEG**、**PDF**格式。其方法为：选择【文件】/【导出】命令，打开"导出"对话框，在"文件名"文本框中输入保存文件的名称，在"保存类型"下拉列表框中选择要导出的文件格式，单击 导出 按钮即可，如图1-22所示。

图1-22　导出文件

◎ **提示**　在导出文件时，用户不仅可以选择将整个文件导出，还可选择将文件中的部分对象导出。其方法为：在文件中选择需要导出的对象，打开"导出"对话框，选择保存类型后，在下方选中 ☑使用画板 复选框，再根据情况设置导出的范围，单击 导出 按钮即可。

1.3.5　存储文件

完成对图像的导入与编辑后，可通过不同的方法将文档中的图像保存到计算机中，在保存过程中还可将图像存储为需要的文件格式，下面将分别介绍存储文件的方法。

● 使用【存储】命令：图像编辑完成后，为了方便以后使用和随时调用该图像，可将图像存储。其方法为：选择【文件】/【存储】命令或按【Ctrl+S】组合键即可。如果以前保存过该文件，那么将以原有的格式保存，并用已完成修改后的文件覆盖原来的文件；如果还未进行保存，执行【存储】命令后，将打开"存储为"对话框，如图1-23所示。在对话框左

知识链接
常用的文件格式
介绍

侧的列表中选择文件的存储位置，在"文件
名"和"保存类型"下拉列表框中输入文件的
名称和保存类型，最后单击 保存(S) 按钮即可保
存文件。

● 使用【存储为】命令：为了避免因直接修改原
文件错误而导致重要图像丢失，可以对重要的
文件进行"备份"操作，这样可保证原文件的
内容不被覆盖。选择【文件】/【存储为】命
令，打开"存储为"对话框，然后设置保存位
置和名称。

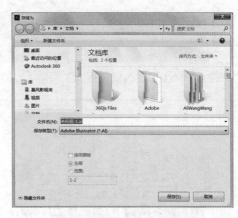

图1-23 "存储为"对话框

● 存储为模板：将文件存储为模板的方法与保存
文件方法的方法相似，选择【文件】/【保存
为模板】命令，在打开的对话框中进行设置后，单击 确定 按钮即可将当前文件保存为模板
文件。以后若想使用该模板文件，可选择【文件】/【从模板新建】命令，在打开的对话框中
选择该模板新建即可。

1.4 辅助工具

图像创建完成后，可以利用辅助工具对图像进行处理，使其更加精确。辅助工具主要包括标
尺、网格、参考线和度量工具等，下面将分别介绍。

1.4.1 标尺

选择【视图】/【标尺】/【显示标尺】命令或按【Ctrl+R】组合键，可开启和关闭标尺。开启标
尺后，窗口顶部和左侧分别显示水平和垂直标尺。

此外，可根据设计需要，更改标尺原点的位置。其方法为：将鼠标指针移动到左上角的水平和
垂直标尺的交汇处，然后按住鼠标左键拖动，画板中将显示一个十字线，如图1-24所示。拖动到合适
的位置后释放鼠标，该处便成为新的原点（表示为0），如图1-25所示。

图1-24 更改标尺原点

图1-25 新原点

1.4.2 网格

网格的主要用途是用来查看图像的透视关系，并辅助其他操作来纠正错误的透视关系。其方法为：打开一个图像，选择"视图"菜单下方的网格命令即可，使用网格命令的效果如图1-26所示。

图1-26 使用网格

"视图"菜单下方的网格命令分别是【透视网格】【显示网格】【对齐网格】【对齐点】4个命令，当图像区域显示网格时，【显示网格】命令将变为【隐藏网格】命令。

1.4.3 参考线

参考线基于标尺而存在，是浮动在图像上的一些虚线和实线，一般分为水平参考线和垂直参考线，用于给用户提供位置参考、对齐文本和图形对象。参考线不会被打印出来，且它可与作品一起被保存。添加参考线的方法为：向下拖动上方的标尺到图像的合适位置，释放鼠标即可在释放鼠标处创建水平参考线；向右拖动窗口左侧的标尺到图像的合适位置，释放鼠标即可在释放鼠标处创建垂直参考线。图1-27所示为添加参考线的效果。按【Ctrl+H】组合键，可以在图像窗口中显示或隐藏参考线。

图1-27 添加参考线

提示 参考线的颜色、样式，以及网格线的颜色、样式、间隔、次分割线并不是一成不变的，可按【Ctrl+K】组合键打开"首选项"对话框，在左侧的列表中选择"参考线和网格"选项卡，然后在右侧的"参考线"栏和"网格"栏中进行设置。

1.4.4 智能参考线

智能参考线与参考线的作用和操作方法相似,只是它可以更精确地辅助用户创建形状、对齐对象,以及编辑和变换对象。其方法为:选择【视图】/【智能参考线】命令,启用智能参考线,使用选择工具 ▶ 拖动需要对齐或需要调整的对象,在拖动过程中将显示智能参考线,向上或向左拖动,即可快速基于参考线对齐,如图1-28所示。

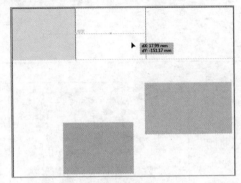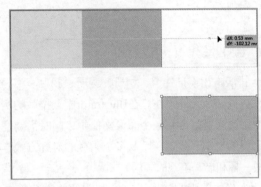

图1-28 使用智能参考线

1.4.5 度量工具

参考线只能对齐或调整图像,若需要检查图像的距离,可使用度量工具进行检查。使用度量工具 ▦ 可检查对象之间的准确性或检查对象的大小,在Illustrator中要想获得精准度量的最快方法就是使用度量工具 ▦ 。其方法为:打开需要度量的图像,单击并按住吸管工具 ✎ 不放,在弹出的工具列表中选择度量工具 ▦ ,如图1-29所示。将鼠标指针置于测量位置的起始点,单击并拖动鼠标至结束测量的终点,此时,将自动打开"信息"面板,其中显示了x轴和y轴的水平和垂直、绝对水平和垂直距离、总距离和测量角度,如图1-30所示。

图1-29 选择度量工具 　　　　　　　　　图1-30 显示测量信息

技巧 按住【Shift】键的同时拖动鼠标测量对象,可将度量工具设置为45°的倍数。

1.5 上机实训——排版海报

1.5.1 实训要求

利用Illustrator可以快速在页面中排版图像与文字。本实训将排版海报，要求排版后的页面简洁、美观。

1.5.2 实训分析

排版常用于证件照、相册、画册、招贴、海报等多个领域，可以说是无处不在。在Illustrator中，排版的实质就是将多个图文素材拼合到一个图像文件中，同时需要注意调整各个素材的大小、位置，以及多个素材的对齐方式，将素材组合成一幅和谐、美观的画面。

本例中的海报排版以文字和图像的融合为主，将矢量山水、文字、祥云纹和菊花等装饰素材置入图像中并放置到页面不同位置，然后将文字素材放置到页面合适位置，通过有序排列成为一幅美观且有商用价值的海报，最终效果如图1-31所示。

素材所在位置： 素材 \ 第1章 \ 上机实训 \ 重阳海报 \ 。

效果所在位置： 效果 \ 第1章 \ 上机实训 \ 重阳海报.ai。

视频教学
排版海报

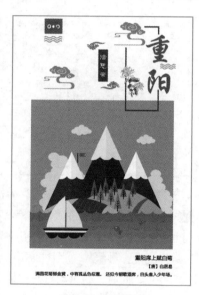

图1-31 海报效果

1.5.3 操作思路

完成本实训主要包括新建图像文件、置入图像文件、调整图像文件、添加文字4大步操作，其操作思路如图1-32所示。

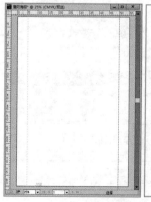   

图1-32 操作思路

【步骤提示】

STEP 01 选择【文件】/【新建】命令，新建大小为"55cm×80cm"、分辨率为"72像素/英寸"（1英寸=2.54厘米）、名称为"重阳海报.ai"的图像文件。

STEP 02 按【Ctrl+R】组合键，开启标尺，在左侧标尺上单击并拖动到左右两侧5cm处创建参考线。

STEP 03 选择【文件】/【置入】命令，置入山水图形，置入后拖动四周的控制点调整山水图形的大小。使用移动工具移动到合适位置，单击空白处完成置入。

STEP 04 选择【文件】/【打开】命令，打开"文字1.ai"图像文件，使用移动工具移动文字和其中的菊花、祥云纹至工作界面"重阳海报"选项卡名称上，切换到"重阳海报"图像窗口，继续拖动至合适位置释放鼠标。

STEP 05 使用相同的方法，打开"文字2.ai"图像文件，将其中的文字拖动到海报下方，调整各个板块的位置。

STEP 06 按【Ctrl+；】组合键，隐藏参考线。

STEP 07 选择【文件】/【存储为】命令，设置存储位置，存储排版后的海报图像。

1.6 课后练习

1. 练习1——制作生日卡片

打开"卡通.ai"图像文件，通过"置入"文件的方式为图像添加文字素材，制作生日卡片，效果如图1-33所示。

素材所在位置：素材\第1章\课后练习\卡片\。

效果所在位置：效果\第1章\课后练习\生日卡片.ai。

图1-33　生日卡片

2. 练习2——制作城市倒影

打开"城市倒影.ai"图像文件，置入"倒影.ai"图像文件，调整图像的位置，使其上下对齐，效果如图1-34所示。

素材所在位置： 素材\第1章\课后练习\城市倒影\。

效果所在位置： 效果\第1章\课后练习\城市倒影.ai。

图1-34 城市倒影

3. 练习3——对小狗贴纸排版

打开"小狗贴纸.ai"图像文件，创建参考线，选择掌纹图形，向上移动，使其与上方形状对齐，使用相同的方法，对其他形状进行对齐操作，效果如图1-35所示。

素材所在位置： 素材\第1章\课后练习\小狗贴纸.ai。

效果所在位置： 效果\第1章\课后练习\小狗贴纸.ai。

图1-35 小狗贴纸

第 2 章

基本图形的绘制与编辑

学习了Illustrator基础知识后，即可使用线型绘图工具和形状绘图工具绘制基本的形状和样式，再对其进行编辑操作，使图形达到需要的设计效果。常见的线型绘图工具包括直线段工具、弧形工具等。形状绘图工具包括矩形工具、圆角矩形工具、椭圆工具等。而图形的基本编辑操作包括选择与移动对象、旋转与缩放对象、变换对象和调整图形的堆叠顺序等。

课堂学习目标

- 掌握绘制基本图形的方法
- 掌握对象的基本编辑方法

课堂案例展示

感恩艺术字

时钟图像

鹦鹉 Logo

2.1 绘制基本图形

一件绘图作品基本是由几何图形和线性对象组合而成。Illustrator中包括多种可绘制图形的工具，如矩形工具、圆角矩形工具、椭圆形工具、直线段工具、弧形工具、矩形网格工具等。下面先以课堂案例的形式讲解绘制基本图形的方法，再分别对这些工具进行介绍。

2.1.1 课堂案例——绘制个人名片

案例目标： 新建图像文件，使用形状绘图工具绘制个人名片的样式，然后添加文字内容使名片完整，完成后的参考效果如图2-1所示。

知识要点： 矩形工具；多边形工具；椭圆工具；直线段工具；矩形网格工具。

素材位置： 素材 \ 第 2 章 \ 名片文字 .ai。

效果文件： 效果 \ 第 2 章 \ 名片 .ai。

视频教学
绘制个人名片

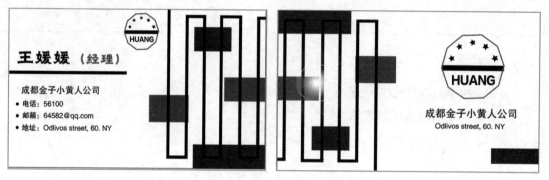

图2-1 绘制个人名片的参考效果

具体操作步骤如下。

STEP 01 启动Illustrator CC，选择【文件】/【新建】命令，打开"新建文档"对话框，设置"名称""画板数量""宽度""高度"分别为"名片""2""90mm""54mm"，完成后单击 确定 按钮，如图2-2所示。

STEP 02 此时在图像编辑区中将显示2个空白名片，在工具箱中单击填色色块，打开"拾色器"对话框，设置填充色为"#FFFFFF"，单击 确定 按钮。再在工具箱中选择矩形工具 ▣ ，沿着图像编辑区绘制2个90mm×54mm的矩形，并按【Ctrl+2】组合键将绘制的矩形锁定，如图2-3所示。

STEP 03 在工具箱中选择矩形工具 ▣ ，在工具属性栏中设置矩形颜色为"#323D47"，在右下角和右上方分别绘制25mm×8mm、13mm×8mm的矩形，如图2-4所示。

STEP 04 再次使用矩形工具 ▣ ，设置填充色为"#5C656F"，绘制2个14mm×8mm的矩形，并调整各个矩形的位置，如图2-5所示。

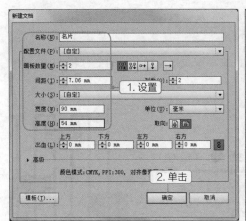

图2-2　新建文档

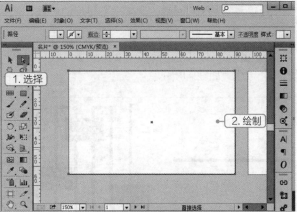

图2-3　绘制矩形

图2-4　绘制深色矩形

图2-5　绘制浅色矩形

STEP 05 在工具箱中选择矩形网格工具▦，在工具属性栏中取消填充并设置描边颜色为黑色，再设置描边粗细为1 pt，在矩形的右侧绘制网格图像，完成后效果如图2-6所示。

STEP 06 在工具箱中选择直线段工具╱，在工具属性栏中设置描边颜色为黑色，粗细为3 pt，完成后沿着矩形网格绘制图2-7所示的形状。

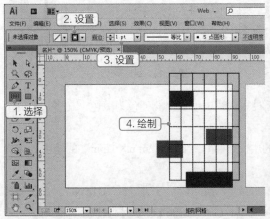

图2-6　绘制矩形网格

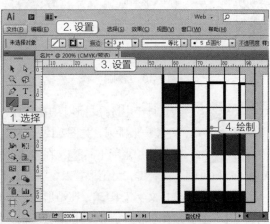

图2-7　绘制直线段

STEP 07 删除网格，调整下方矩形的位置，使其展现的效果更加美观，完成后从左向右绘制一条直线，如图2-8所示。

STEP 08 打开"名片文字.ai"图像文件，将其中的文字依次拖动到横线的上方和下方，调整文字的位置，如图2-9所示。

图2-8 删除网格并绘制直线　　　　　　　　　　图2-9 添加文字

STEP 09 在工具箱中选择椭圆工具，在"电话""邮箱""地址"文字的左侧绘制"1mm×1mm"的圆，如图2-10所示。

STEP 10 在工具箱中选择多边形工具，在工具属性栏中设置描边颜色为"#E50011"，在文字的右上角确定一点并按住鼠标左键进行拖动，同时按【↑】键，增加多边形的边数，当多边形成十边形时释放鼠标左键，确定多边形的绘制，如图2-11所示。

图2-10 绘制圆　　　　　　　　　　　　　图2-11 绘制多边形

STEP 11 在工具箱中选择星形工具，在工具属性栏中设置填充颜色为黑色，在多边形的上方绘制5个星形，并按扇形排列，如图2-12所示。

STEP 12 再次使用矩形工具，在多边形的中间位置，绘制"12mm×1mm"的矩形，完成后按4次【Ctrl+[】组合键，将矩形置入多边形的下方。

STEP 13 选择文字工具，在矩形的下方单击鼠标确定输入点并输入"HUANG"，在工具属性栏中设置"字体"和"字号"分别为"方正兰亭特黑_GBK"和6 pt，查看名片正面完成后的效果，如图2-13所示。

图 2-12　绘制星形

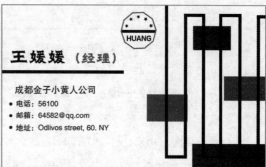

图 2-13　查看完成后的效果

STEP 14 选择右侧的矩形和直线，按【Ctrl+C】组合键复制形状，在右侧的背面名片上按【Ctrl+V】组合键粘贴形状，再在其上单击鼠标右键，在弹出的快捷菜单中选择【变换】/【旋转】命令，打开"旋转"对话框，设置"角度"为-180°，单击 确定 按钮，如图2-14所示。

STEP 15 调整旋转后形状的位置，并查看调整后的效果，如图2-15所示。

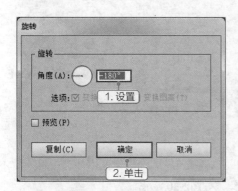

图 2-14　设置旋转角度

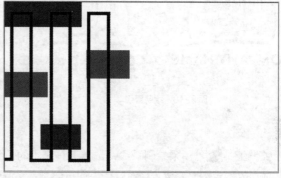

图 2-15　查看旋转后的效果

STEP 16 复制绘制的公司商标并将商标放大显示，然后将图2-16所示文字复制到商标下方，并在右下角绘制"16mm×5mm"，颜色为"#323D47"的矩形。

STEP 17 在工具箱中选择光晕工具 ，在左侧中间位置确定一点绘制光晕，完成后查看效果，如图2-17所示。

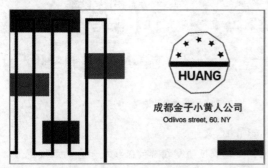

图 2-16　制作公司商标

图 2-17　查看完成后的效果

2.1.2 线型绘图工具

线型绘图工具组是使用最频繁也是最简单的绘图工具，主要包括直线段工具、弧形工具、螺旋线工具和矩形网格工具等。前面在课堂案例中对直线段工具和矩形网格工具的使用进行了简单介绍，下面将对各种工具的使用方法进行详细讲解。

1. 直线段工具

直线段工具 可用来绘制各种方向的直线。其使用方法非常简单，选择工具箱中的直线段工具 ，在图像编辑区中按住鼠标左键不放并拖动鼠标到需要的位置释放鼠标，即可绘制一条任意角度的直线。绘制线段时，按住【Alt】键，可以绘制以鼠标按下的点为中心向两边延伸的线段；按住【Shift】键，可以绘制角度为45°或与45°成倍数的直线，如图2-18所示。

如果要绘制精确的线段，可在图像编辑区中单击鼠标，打开图2-19所示的"直线段工具选项"对话框。在对话框中设置相应的参数后，单击 确定 按钮即可以精确的角度或长度绘制线段。

图2-18 绘制直线　　　　　　　　　　图2-19 直线段工具选项

2. 弧形工具

弧形工具 可用来绘制弧线，选择工具箱中的弧线工具 ，在图像编辑区中按住鼠标左键不放，拖动鼠标到需要的位置释放鼠标，即可绘制一条弧线，如图2-20所示。

如果要绘制精确的弧线，可以在图像编辑区中单击鼠标，打开"弧线段工具选项"对话框，在对话框中设置相应的参数后，单击 确定 按钮即可以精确的绘制弧线，如图2-21所示。

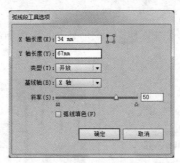

图2-20 绘制弧线　　　　　　　　　　图2-21 精确绘制弧线

下面分别介绍"弧线段工具选项"对话框中各选项的含义。

● x 轴长度：在其中输入数值，可以按照所输入的 x 轴长度绘制精确的弧线或闭合的弧线图形。

● 参考点定位器 ：单击 按钮，四周的空心方块，可以设置绘制弧线时的参考点，图2-22

所示为单击参考点定位器四周的空心方块，所对应的弧线效果。

● **y轴长度**：在其中输入数值，可以按照所输入的y轴长度绘制精确的弧线或闭合的弧线图形。

● **类型**：在该下拉列表框中选择"开放"选项可以绘制弧线，如图2-23所示；选择"闭合"选项可以绘制闭合的弧线图形，如图2-24所示。

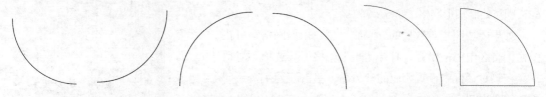

图2-22 不同参考点时绘制的弧线   图2-23 开放弧线 图2-24 闭合弧线

● **基线轴**：用于指定弧线的方向。选择下拉列表框中的"x轴"选项，可基于水平方向绘制弧线；选择"y轴"选项，可基于垂直方向绘制弧线。

● **斜率**：用于指定弧线的斜率方向。在右侧可拖动滑块或输入数值进行调整，当斜率为0时，绘制的即是弧线。

● **弧线填色**：选中该复选框，在绘制开放或闭合的弧线时将以设置的颜色或渐变色进行填充。

> **技巧** 绘制弧线时，按【C】键，可以在开放的弧线与闭合的弧线之间进行切换；按住【Shift】键，可以锁定对角线方向；按【↑】【↓】【←】【→】键，可以调整弧线的斜率。

3. 螺旋线工具

螺旋线工具 可用来绘制螺旋线。选择该工具后，在图像编辑区中按住鼠标左键不放并拖动鼠标到需要的位置释放鼠标，即可绘制螺旋线，如图2-25所示。如果要绘制精确半径和衰减率的螺旋线，可在图像编辑区中单击鼠标，打开"螺旋线"对话框。在对话框中设置相应的参数后，单击 按钮即可精确绘制螺旋线，如图2-26所示。

图2-25 绘制螺旋线   图2-26 精确绘制螺旋线

> **技巧** 绘制螺旋线时，按【R】键，可以调整螺旋的方向；按住【Ctrl】键，可以调整螺旋的疏密度；按【↑】键，可以增加螺旋线的圈数，按【↓】键，可以减少螺旋线的圈数。

4. 矩形网格工具

矩形网格工具 ▦ 可轻松地创建矩形网格，制作表格，如员工信息表、作息时间表等。选择该工具后，在图像编辑区中按住鼠标左键不放并拖动鼠标到需要的位置释放鼠标，即可绘制矩形网格。

如果要按照指定数目的分隔线来创建矩形网格，可在图像编辑区中单击鼠标，打开"矩形网格工具选项"对话框。在该对话框中设置相应的参数后，单击 确定 按钮即可，如图2-27所示。

下面分别对"矩形网格工具选项"对话框的各个选项进行介绍。

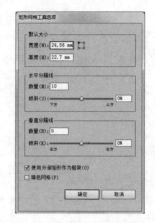

图2-27 "矩形网格工具选项"对话框

- 默认大小：在"宽度"和"高度"文本框中分别输入数值，可以按照定义的大小绘制矩形网格。单击"参考点定位器"按钮 上的定位点，可以定位绘制网格时起始点的位置。

- 水平分割线：在"数量"文本框中输入数值，可以按照定义的数值绘制出矩形网格图形的水平分割数量。其中"倾斜"值决定了水平分隔线倾向于网格顶部和底部的程度。该值为0%时，水平分隔线的间距相同；该值大于0%时，网格的间距由上到下逐渐变窄；该值小于0%时，网格的间距由下到上逐渐变窄。

- 垂直分割线：在"数量"文本框中输入数值，可以按照定义的数值绘制出矩形网格图形的垂直分割数量。其中"倾斜"值决定了垂直分隔线倾向于网格左侧和右侧的程度，其作用和效果与"水平分割线"选项卡中的"倾斜"值相似。

- 使用外部矩形作为框架：选中该复选框，将采用一个矩形作为外框架。

- 填色网格：选中该复选框表示绘制出的网格将以设置的颜色进行填充。

🛒 技巧 绘制矩形网格的过程中，按住【Shift】键，可以创建正方形网格；按住【Alt】键，可以创建以鼠标单击点为中心向外延伸的矩形网格；按【↑】键，可增加水平分隔线的数量；按【↓】键，可减少水平分隔线的数量；按【→】键，可增加垂直分隔线的数量；按【←】键，可减少垂直分隔线的数量；按【F】键，网格中的水平分隔线间距可由下而上以10%的倍数递增；按【V】键，网格中的水平分隔线间距可由上而下以10%的倍数递增；按【X】键，网格中的垂直分隔线间距可由左至右以10%的倍数递增；按【C】键，网格中的垂直分隔线间距可由右至左以10%的倍数递增。

5. 极坐标网格工具

极坐标网格工具 ◉ 也称为雷达网格工具，可轻松地绘制具有同心圆的放射线网格。选择该工具后，在图像编辑区中按住鼠标左键不放并拖动鼠标到需要的位置释放鼠标，即可绘制极坐标网格。如果要创建具有指定大小和数目分隔线的同心圆网格，可在图像编辑区中单击鼠标，打开"极坐标网格工具选项"对话框。在对话框中设置相应的参数后，单击 确定 按钮即可，如图2-28所示。

下面分别对"极坐标网格工具选项"对话框中各选项的含义和作用进行介绍。

- 默认大小：用于设置整个网格的宽度和高度。

● 同心圆分割线：在"数量"文本框中输入数值，可以按照定义的数值绘制同心圆网格的分割数量。"倾斜"值决定了同心圆倾向于网格内侧或外侧的程度。该值为0%时，同心圆之间的间距相等，如图2-29所示；该值大于0%时，同心圆向边缘聚拢，如图2-30所示；该值小于0%时，同心圆向中心聚拢，如图2-31所示。

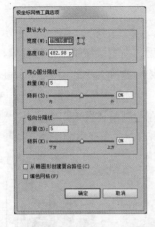

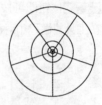

图2-28 "极坐标网格工具选项"对话框　　图2-29 间距相等　　图2-30 向边缘聚拢　　图2-31 向中心聚拢

● 径向分割线：在"数量"文本框中输入数值，可以按照定义的数值绘制同心圆网格中的射线分割数量。"倾斜"值决定了径向分割线倾向于网格逆时针或顺时针的程度。该值为0%时，分割线之间的间距相等，如图2-32所示；该值大于0%时，分割线会逐渐向逆时针方向聚拢，如图2-33所示；该值小于0%时，分割线会逐渐向顺时针方向聚拢，如图2-34所示。

● 从椭圆形创建复合路径：选中该复选框绘制出的极坐标网格图形，将以间隔的形式进行颜色填充。如图2-35所示为选中"从椭圆形创建复合路径"复选框后绘制的极坐标网格效果。

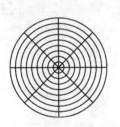

图2-32 间距相等　　　　图2-33 逆时针聚拢　　　　图2-34 顺时针聚拢　　图2-35 从椭圆形创建复合路径

● 填色网格：选中该复选框，表示绘制的极坐标网格以当前设置的颜色进行填充。

 技巧　绘制网格时，按【↑】键，可以增加同心圆网格的数量；按【↓】键，可以减少同心圆网格的数量；按【→】键可以增加同心圆网格射线的数量；按【←】键，可以减少同心圆网格射线的数量；按住【Alt】键，可以绘制出以鼠标单击处为中心向四周延伸的圆形极坐标网格，按住【Shift】键，可以绘制正圆形极坐标网格。

2.1.3 形状绘图工具

在Illustrator 中除了可进行线型绘图外，还可以绘制基本形状图形，如矩形、圆角矩形、星形、多边形和椭圆等；除此以外，还可以绘制各种各样的光晕图形。通过对这些基本图形进行编辑和变形，可以得到更多复杂的图形。

1. 矩形工具

矩形工具■可以绘制矩形或正方形，如图2-36所示。选择该工具后，在图像编辑区中按住鼠标左键不放并拖动鼠标到需要的位置释放鼠标，即可绘制矩形。如果要绘制精确大小的矩形，可在图像编辑区中单击鼠标，将打开"矩形"对话框。在"宽度"和"高度"文本框中分别输入数值，单击 确定 按钮即可按照定义的大小绘制矩形，如图2-37所示。除了可在绘制前设置矩形大小外，还可在工具属性栏中对已经绘制完成的矩形进行大小设置，将绘制后的矩形调整为适当的大小。

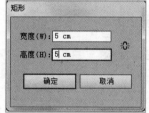
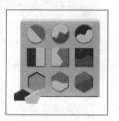

图2-36　矩形　　　　　　　　　　图2-37　精确绘制矩形

2. 圆角矩形工具

圆角矩形工具■可以绘制出标准的圆角矩形，如图2-38所示。圆角矩形工具■的使用方法与矩形工具相同。如果要绘制精确大小的圆角矩形，可选择该工具，然后在图像编辑区中单击鼠标，打开"圆角矩形"对话框，如图2-39所示。在其中设置宽度、高度和圆角半径的数值后，单击 确定 按钮即可按定义的大小绘制圆角矩形，如图2-40所示。

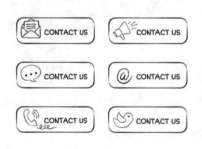

图2-38　绘制的圆角矩形　　　图2-39　"圆角矩形"对话框　　　图2-40　圆角半径为10

技巧 绘制圆角矩形时，按【↑】键，可增加圆角半径，直至成为圆形；按【↓】键，可减少圆角半径，直至成为矩形；按【→】键，可创建圆形圆角；按【←】键，可创建方形圆角。

先绘制一个圆角矩形，再使用直接选择工具单击并选择圆角上的一个锚点，选择出现的控制手柄，同时按住【Shift】键向内调整手柄线的位置即可（按住【Shift】键可确保手柄线是完全垂直的）。

3. 椭圆工具

椭圆工具 常用来绘制正圆形和椭圆形，如图2-41所示。选择该工具后，在图像编辑区中按住鼠标左键不放并拖动鼠标到需要的位置释放鼠标，即可绘制椭圆形。如果按住【Shift】键，可绘制正圆形；按住【Alt】键，可以以单击点为中心向外绘制椭圆；按住【Shift+Alt】组合键，则以单击点为中心向外绘制正圆形。

如果要绘制指定大小的椭圆，可选择该工具，在图像编辑区中单击鼠标，打开"椭圆"对话框，在其中设置宽度、高度数值后，单击 确定 按钮即可创建椭圆，若宽度与高度值相同，则可绘制圆形，如图2-42所示。

图2-41 椭圆

图2-42 绘制正圆

4. 多边形工具

多边形工具 可用来绘制多边形，如图2-43所示。选择该工具后，在图像编辑区中按住鼠标左键不放并拖动鼠标到需要的位置释放鼠标，即可绘制多边形。如果按【↑】键，可增加多边形边数，按【↓】键，可减少多边形边数，如图2-44所示。

图2-43 多边形

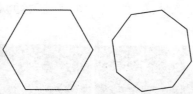

图2-44 增加和减少多边形边数

技巧 绘制多边形时，按住【Shift】键，绘制的多边形将锁定水平方向。如果绘制三角形并按住【Shift】键，那么三角形有一条边将完全水平（底边）。如果按住空格键，则可移动多边形。

如果要绘制具有精确半径和边数的多边形，可选择该工具，在图像编辑区中单击鼠标，打开"多边形"对话框。在其中设置半径和边数数值后，单击 [确定] 按钮即可绘制定义的多边形。

疑难解答 | 如何制作多边形的螺旋效果？

首先选择多边形工具 ■，在图像编辑区中确定一点为中心，并按住鼠标左键进行拖动，同时按住【～】键继续拖动鼠标，会出现多个依次增大的多边形。

5. 星形工具

星形工具 ■可用来绘制各种星形，如图2-45所示。其绘制方法与多边形相同，如果要绘制具有精确半径和角点数的星形，可选择该工具，在图像编辑区中单击鼠标，打开"星形"对话框，在其中设置半径和角点数数值后，单击 [确定] 按钮即可绘制星形，如图2-46所示。

图2-45　五角星　　　　　　　　　　　　　　　图2-46　绘制星型

下面对"星形"对话框中各个选项分别进行介绍。

- ● **半径1**：可以定义所绘制星形图形内侧点到星形中心的距离。
- ● **半径2**：可以定义所绘制星形图形外侧点到星形中心的距离。
- ● **角点数**：可以定义所绘制星形图形的角数。

6. 光晕工具

光晕工具 ■主要用于表现灿烂的日光以及镜头光晕等效果。其使用方法为：打开一幅图像，选择该工具后，在对象的角上拖动鼠标即可绘制一个光晕，如图2-47所示。如果要编辑绘制的光晕，可使用光晕工具 ■将光晕端点拖动到一个新长度或新方向，如图2-48所示；也可选择要编辑的光晕，双击光晕工具 ■，打开"光晕工具选项"对话框，通过更改对话框中的数值进行详细编辑，如图2-49所示。

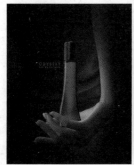

图2-47　绘制光晕　　　　　　图2-48　调整光晕位置　　　　　图2-49　光晕工具选项

下面分别对"光晕工具选项"对话框中各选项的含义进行介绍。

- 居中：该选项卡中有如下3个二级选项。通过"直径"可控制光晕的大小。通过"不透明度"和"亮度"下拉列表可设置光晕中心的透明度和亮度。
- 光晕：可设置光晕向外增大和模糊的程度，低的模糊度可得到干净明快的光晕效果。
- 射线：选中该复选框后可设置射线的数量、最长射线的长度和射线的模糊度。如果不想要射线，可将射线数值设置为0。
- 环形：选中该复选框后可设置光晕的中心和最远环的中心之间的路径距离、环的数量、最大环的大小以及环的方向。

课堂练习——绘制时钟图像

本练习要求新建大小为800像素×800像素，名为"时钟"的图像文件。返回图像编辑区，使用椭圆工具 ⬭ 绘制时钟的整体轮廓和上半部分的耳朵形状。然后使用矩形工具 ▭ 绘制时针和支架部分，并在其中输入时间数字，此时画面呈现出整个时钟的形状，继续使用文字工具输入"TIME IS MONEY"文字，并在文字的下方使用直线段工具 ╱ 绘制一条直线，使图像与文字分割开来。最后再次使用椭圆工具 ⬭ 绘制阴影效果，并置于时钟的下方，制作后的参考效果如图2-50所示（效果所在位置：效果\第2章\课堂练习\时钟.ai）。

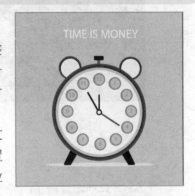

图2-50　时钟图像效果

2.2 对象的基本编辑方法

前面讲解了绘制基本图形的方法，而在制作较为复杂的图形时，通过常用的绘图方法可能不能达到需要的效果，这就需要对形状进行编辑。下面将通过企业画册案例对对象的基本编辑方法进行讲解，再依次对选择对象、移动对象、旋转与缩放对象、变换对象、编组与解编对象，以及对齐与分布对象进行介绍。

2.2.1 课堂案例——制作企业手册的封面和封底

案例目标： 下面将制作一个企业手册的封面和封底。整个设计以蓝色为主色调，配合矩形、直线以及多种图像、文字，在实现手册封面、封底功能的同时，兼具美观的效果。在制作该案例时，除了使用基本的图形绘制和编辑工具，还需要对图形进行简单填充，以及输入文字等。读者可跟随步骤完成操作，重点理解图形编辑的相关操作，以及图形绘制与编辑之间的关系，以便举一反三，灵活应用这些工具。完成后的参考效果如图 2-51 所示。

知识要点： 矩形工具；选择与移动对象；旋转与缩放对象；直线段工具；变换对象；调整图形的堆叠顺序、编组；对齐与分布。

素材位置： 素材\第2章\企业手册的封面和封底\。

效果文件： 效果\第2章\企业手册的封面和封底.ai。

视频教学
制作企业手册的
封面和封底

图2-51　完成后的参考效果

具体操作步骤如下。

STEP 01　启动Illustrator CC，选择【文件】/【新建】命令，打开"新建文档"对话框，设置"名称""画板数量""宽度""高度"分别为"企业手册的封面和封底"、1、420mm、285mm，并单击"横向"按钮，完成后单击 确定 按钮，如图2-52所示。

STEP 02　在工具箱中选择矩形工具，设置填充色为"#0D3676"，绘制"210mm×285mm"的矩形，完成后选择绘制的矩形，向左拖动，使其左对齐，完成后在图像编辑区的中间添加一条辅助线，并在右侧再次绘制颜色为白色，大小为"210mm×285mm"的矩形，如图2-53所示。

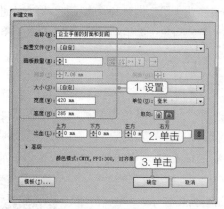

图2-52　新建画布

图2-53　绘制矩形

STEP 03　在工具箱中选择矩形工具，设置填充色为"#00A0E8"，在蓝色矩形的中间位置绘制"35mm×35mm"的正方形，如图2-54所示。

STEP 04 选择绘制的正方形，选择【窗口】/【变换】命令，打开"变换"面板，在其中设置旋转角度为45°，此时可发现绘制的正方形已成菱形显示，如图2-55所示。

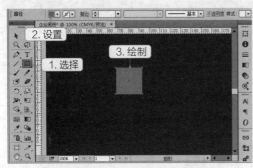

图2-54 使用矩形工具绘制正方形

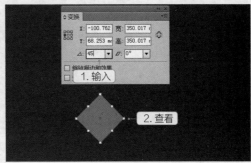

图2-55 设置旋转角度

STEP 05 使用选择工具 选择菱形，按住【Alt】键不放向下拖动，复制菱形，再在工具属性栏中更改填充色为"#8EC31E"，如图2-56所示。

STEP 06 使用相同的方法，复制菱形并将其置于左右两边，设置左侧菱形的填充颜色为"#F39700"，右侧菱形的填充颜色为"#DADF00"，如图2-57所示。

图2-56 复制菱形

图2-57 复制菱形并更改颜色

STEP 07 打开"图标.ai"图像文件，使用选择工具 将图标依次拖动到菱形上方，如图2-58所示。

STEP 08 在工具箱中选择矩形工具 ，在工具属性栏中设置填充色为"#FEFEFE"，在菱形的下方绘制"220mm×155mm"的矩形，多次按【Ctrl+[】组合键，将白色矩形置于菱形的下方。

STEP 09 选择【窗口】/【外观】命令，打开"外观"面板，单击"不透明度"超链接，再在打开的面板中的"不透明度"文本框中输入20%，完成不透明度的设置，如图2-59所示。

STEP 10 在工具箱中选择直线段工具 ，在工具属性栏中设置描边颜色为白色，描边粗细为1pt，画笔定义为"炭笔-羽毛"，完成后在矩形的上方和下方绘制两条直线，如图2-60所示。

STEP 11 在工具箱中选择文字工具 ，在工具属性栏中设置文字颜色为白色，单击"字符"超链接，在打开的面板中设置"字体"和"字号"为"Viner Hand ITC"和40 pt，完成后在直线的上方输入"BUSINESS ALBUM ......"，如图2-61所示。

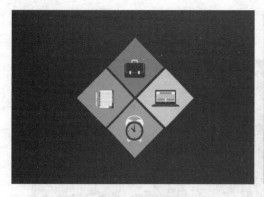

图 2-58 添加图标　　　　　　　　　　　　图 2-59 设置不透明度

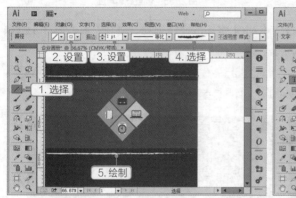

图 2-60 绘制直线　　　　　　　　　　　　图 2-61 输入文字

STEP 12 打开"城市.jpg"图像文件，使用选择工具 ▶ 将城市图像拖到画册右侧的白色区域，如图2-62所示。

STEP 13 选择图像，在工具箱中选择比例缩放工具 ▣，将鼠标指针移动到图像上方，按住鼠标左键向左拖动，即可等比例缩放图像，如图2-63所示。

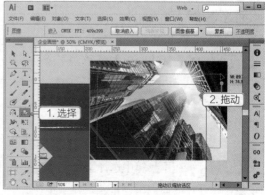

图 2-62 添加图像　　　　　　　　　　　　图 2-63 缩放图像

STEP 14 使用选择工具 [图] 调整图像位置，并向上拖动，查看调整后的效果，如图2-64所示。

STEP 15 在工具箱中选择矩形工具 [图]，沿着手册和图像的轮廓绘制矩形框，按【Ctrl+7】组合键，完成快速裁剪操作。完成后的效果如图2-65所示。

图2-64　调整图像位置

图2-65　裁剪形状

STEP 16 选择矩形工具 [图]，在图像中分别绘制颜色为"#F1C834""#0D3676"和"#51B5D4"的6个矩形，调整矩形大小和位置，如图2-66所示。

STEP 17 选择下方的3个矩形，选择【窗口】/【对齐】命令，打开"对齐"面板，分别单击"水平左对齐" [图] 按钮和"垂直顶对齐"按钮 [图]，对齐后的效果如图2-67所示。

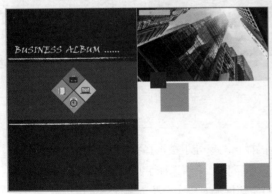

图2-66　绘制矩形

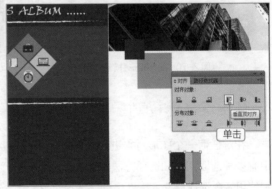

图2-67　对齐矩形

STEP 18 将对齐后的矩形移动到图像右下角，打开"企业手册的封面和封底内图.ai"图像，将其中的图片拖动到图像左下角，使其与矩形对齐显示，如图2-68所示。

STEP 19 打开"企业手册的封面和封底文字.ai"图像，将其中的文字依次拖动到图像中，调整文字的位置，完成后的效果如图2-69所示。

STEP 20 选择矩形工具 [图]，绘制颜色为"#0D3676"，大小为12mm×12mm的矩形，完成后选择绘制的矩形，并将鼠标指针移动到右上角的控制点上，当鼠标指针呈 [图] 显示时，向左拖动，旋转矩形，如图2-70所示。

图2-68　添加图像

图2-69　添加文字

STEP 21 选择文字工具 **T**，在矩形的下方输入"2018"，并设置字体为"方正毡笔黑简体"，"字号"为90pt，颜色为"#50ABC8"，如图2-71所示。

STEP 22 按【Ctrl+；】组合键隐藏中间的参考线，查看完成后的效果。

图2-70　绘制矩形并旋转矩形

图2-71　输入文字

2.2.2　选择对象

在对任何一个图形对象进行编辑之前，首先要确保该对象处于被选择状态下。在Illustrator CC中有多种选取工具和选择方法，如选择工具、直接选择工具、编组选择工具、魔棒工具、套索工具和使用命令选择对象（按堆叠顺序选择对象、选择特定属性的对象），下面将逐一进行讲解。

1. 选择工具

选择工具 **▶** 主要用来选择对象，其选择对象的方法有两种，下面分别进行介绍。

● 选择单个对象：在工具箱中选择选择工具 **▶**，将鼠标指针放置在对象上方，此时指针将变为 **▶.** 形状，单击鼠标即可将其选中，且所选对象周围将显示一个定界框，表示对象已选择。

● 选择多个对象：选择选择工具 **▶**，单击鼠标并拖动出一个矩形选框，可选择矩形选框内的所有对象，或按住【Shift】键单击各个对象，以及拖动鼠标也可以选择多个对象。

2. 直接选择工具

直接选择工具 **▶** 主要用于选择路径或图形中的某一部分，包括路径的锚点、曲线或线段，然后通过对路径或图形局部的变形来完成对路径或图形整体形状的调整。同选择工具 的使用方法相同，利用直接选择工具 单击某个锚点或线段，可选择路径或锚点，如图2-72所示；按住【Shift】键并单击其他的锚点可以添加选择，如图2-73所示；按住【Shift】键再次单击已经选中的锚点可以去掉选择；用拖动选框的方法可以选择多条路径或多个锚点，如图2-74所示。

图2-72　单击选择路径　　　　图2-73　选择多个路径　　　　图2-74　框选路径和锚点

3．编组选择工具

在实际的绘图过程中，有时需要将几个图形进行群组。图形群组后，如果再想选择其中的一个图形，利用普通的选择工具是无法选择的，此时就需要用到工具箱中的编组选择工具 。其方法为：选择编组选择工具 ，在已经群组的图形中，使用编组选择工具 单击组中的任意一个图形，该图形即被选中。若再次单击先前已被选中的图形，即可将包含该图形的整个组中所有的图形对象选中，如果群组图形属于多重群组，那么每多单击一次鼠标即可多选择一组图形，以此类推。

4．魔棒工具

利用魔棒工具 单击需要选择的图形或路径，可以选择同该图形或路径具有相同属性（如颜色、笔画宽度、不透明度等）的图形对象。其方法为：在工具箱中选择魔棒工具 ，在图像编辑区中单击，即可快速选择具有该颜色的所有对象。另外，双击魔棒工具 ，打开"魔棒"面板，在其中可设置填充颜色、描边颜色、描边粗细、不透明度、混合模式属性，如图2-75所示。

图2-75　"魔棒"面板

知识链接
"魔棒"面板各选项的含义

疑难解答

除了通过魔棒工具选择具有相同属性的对象外，还有其他选择方法吗？

除使用魔棒工具 外，选择【选择】/【相同】命令，在弹出的子菜单中选择对应命令，也可以选择具有相同属性的所有对象，如图2-76所示。

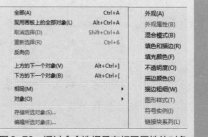

图2-76　通过命令选择具有相同属性的对象

5．套索工具

使用套索工具 可以拖动鼠标进行自由的选择。在工具箱中选择套索工具 或按【Q】键快

中文版
Illustrator CC基础培训教程（移动学习版）

速选择，然后在要选择的区域拖动鼠标绘制一个自由的闭合曲线即可选择曲线范围内的路径和锚点，如图2-77所示。

6. 使用命令选择对象

在Illustrator中，还有几种特殊的选择功能，它们位于"选择"菜单中。通过该菜单中的对应的命令，可按堆叠顺序来选择对象或选择特定属性的对象。下面将分别进行介绍。

图2-77　使用套索工具选择对象的路径和锚点

● 按堆叠顺序选择对象：Illustrator中的图形是按照绘制的先后顺序进行排列的，如果想更改图形的堆叠顺序或选择被上方图形遮盖的底部图形，即可通过选择命令进行操作。其方法为：先选择一个对象，此时如果要选择该对象上方的图形，可选择【选择】/【上方的下一个对象】命令；如果要选择该对象下方的图形，可选择【选择】/【下方的下一个对象】命令，如图2-78所示。

● 选择特定属性的对象：【选择】/【对象】子菜单中包含了多种选择命令，如图2-79所示。通过这些命令可以选择文档中特定属性的对象。

图2-78　按堆叠顺序选择对象　　　　　　　　　　　　　　　　图2-79　选择命令

2.2.3　移动对象

选择对象是移动对象的前提条件，当选择了对象后，按住鼠标不放并拖动鼠标，即可进行移动。移动对象通常分为在同一文档中移动对象和在多个文档间移动对象，下面将对其操作方法分别进行介绍。

● 在同一文档中移动对象：在同一文档中移动对象的方法非常简单，只需通过选择工具移动对象。选择工具箱中的选择工具，单击并按住鼠标左键拖动对象即可移动对象。

● 在多个文档间移动对象：当对象在不同文档中时，也可对其进行移动操作，且移动后原位置的对象依然保持不变。

2.2.4　旋转与缩放对象

选择并移动对象后，还可对对象进行缩放和旋转，下面分别对旋转对象和缩放对象的方法进行介绍。

36

1. 旋转对象

在Illustrator CC中可以根据不同的需要，灵活地运用多种方式旋转对象。

- 使用定界框：选择要旋转的对象，将鼠标指针移动到定界框控制点上，当其形状变为↰时，按住鼠标左键并拖动，即可旋转对象，如图2-80所示。

图2-80　旋转对象

- 使用旋转工具：选择要旋转的对象，选择旋转工具 🔄，对象四周将显示控制点。使用鼠标拖动控制点即可使对象围绕中心点 ⊹ 旋转。将鼠标指针移动到旋转中心点上，按住鼠标左键拖动旋转中心点到需要的位置，如图2-81所示，可以改变旋转中心，通过旋转中心使对象旋转到新的角度及位置，如图2-82所示。

图2-81　改变旋转中心点位置　　　　　　　　图2-82　旋转对象

- "旋转"对话框：双击旋转工具 🔄 或选择【对象】/【变换】/【旋转】命令，打开"旋转"对话框，在"角度"文本框中输入对象旋转的角度，单击 确定 按钮可旋转对象，如图2-83所示。

图2-83　使用对话框旋转对象

- 使用"变换"面板：选择【窗口】/【变换】命令，打开"变换"面板，在"旋转"下拉列表中选择旋转角度或在文本框中输入数值后，按【Enter】键即可旋转对象。

2. 缩放对象

缩放对象是将所选择的图形按等比或非等比的方式进行缩放或缩放复制。其方法为：使用"比例缩放工具" ，将鼠标指针移动到被选中的图形上按鼠标左键拖动即可进行任意缩放；或双击"比例缩放工具" ，打开"比例缩放"对话框，在其中设置适当的参数，单击 确定 按钮，即可对图形进行精确的缩放操作，如图2-84所示。

图2-84　比例缩放对象

2.2.5　镜像对象

镜像对象是将所选的图形按水平、垂直或任意角度进行镜像或镜像复制。镜像对象最常用方法是：选择需要镜像的图形，然后双击工具箱中镜像工具 或选择【对象】/【变换】/【镜像】命令，打开"镜像"对话框，在其中设置适当的参数，单击 确定 按钮，即可对图形进行精确的镜像操作。若单击 复制(C) 按钮，则可镜像复制对象。图2-85所示为镜像复制后调整对象位置的效果。

图2-85　镜像对象

2.2.6　倾斜对象

选择需要倾斜的图形，在工具箱中使用鼠标左键按住比例缩放工具 不放，在弹出的工具列表中选择倾斜工具 ，将鼠标指针移动到所选图形定界框的某一控制点位置，并按住鼠标左键进行拖动，即可将图形倾斜。

也可双击倾斜工具 或选择【对象】/【变换】/【倾斜】命令，打开"倾斜"对话框。在其中可选择水平或垂直倾斜，在"角度"文本框中输入对象倾斜的角度，单击 复制(C) 按钮，可在倾斜时进行复制对象。

2.2.7　变换对象

变换对象在Illustrator中经常使用，用户可以通过分别变换、"变换"面板以及自由变换工具组（再次变换）来变换对象。

- 分别变换：使用分别变换可以对每个选定的对象分别进行变换（相对于让所选对象一起变换）。选择【对象】/【变换】/【分别变换】命令，或按【Shift+Ctrl+Alt+D】组合键，打开"分别变换"对话框。在其中设置合适的参数后，系统将会对每一个选择的对象按照设置的参数分别进行变换。图2-86所示为使用"分别变换"前后的效果。顶图为原始效果，下方为选中☑变换对象(B)复选框旋转30°的效果。

- "变换"面板：利用"变换"面板可以控制所选对象的位置、大小、旋转角度及倾斜角度等。选择【窗口】/【变换】命令，或按【Shift+F8】组合键，打开"变换"面板，在相应选项的文本框中设置适当的参数，再按【Enter】键即可。单击"变换"面板右上角的▦按钮，将弹出图2-87所示的下拉菜单。

图2-86　分别变换对象　　　　　　　　　　　　　　图2-87　"变换"面板

- 自由变换工具：自由变换工具▦位于比例缩放工具▦下方，利用它可以对选择的图形进行多种变换操作，如缩放、旋转、镜像、倾斜和透视等。

2.2.8　编组与解编对象

对象编组是将需要保持彼此空间关系不变的一系列对象放在一起，如果要同时移动多个对象、合并对象或在所有对象上执行同一个操作，可以将其编组。若要对组中的某个对象单独进行编辑，还可取消对象的编组。

- 编组：将对象编组，有利于同时编辑一组中的所有对象。其方法为：选择要编组的对象，选择【对象】/【编组】命令，或按【Ctrl+G】组合键，即可将选择的对象编组。编组后，单击组中的任何一个对象，都将选中该组所有对象。此外，不仅可以将几个对象编组在一起，也可以将编组对象再编组在一起，以形成一个嵌套的编组。

- 解编：选择要解组的对象组合，选择【对象】/【取消编组】命令，或按【Shift+Ctrl+G】组合键，即可将选择的编组对象解组。编组后，可单独选择任意一个对象进行编辑。如果是嵌套编组，可以将取消编组的操作重复执行，直到全部解组为止。

2.2.9　对齐与分布对象

有时为了达到特定的效果，需要精确对齐和分布对象。对齐和分布对象能使对象之间互相对齐或间距相等。在对齐前，需要先选择【窗口】/【对齐】命令，打开"对齐"面板，在其中罗列了对齐对象、分布对象两种操作，如图2-88所示，下面分别进行介绍。

图2-88　"对齐"面板

- 对齐对象：如果要对齐两个或多个图形，可先将其选中，再在"对齐对象"栏中单击对应的按钮，可以沿指定的轴对齐所选对象。对齐对象按钮包括"水平左对齐"按钮、"水平居中对齐"按钮、"水平右对齐"按钮、"垂直顶对齐"按钮、"垂直居中对齐"按钮、"垂直底对齐"按钮。

- 分布对象：如果要让多个对象按照一定的规则均匀分布，可先将其选中，然后单击"对齐"面板中"分布对象"栏的分布按钮即可。其中的按钮包括："垂直顶分布"按钮；"垂直居中分布"按钮；"垂直底分布"按钮；"水平左分布"按钮；"水平居中分布"按钮；"水平右分布"按钮。

　**课堂练习**——制作感恩艺术字效果

本练习将先新建文件，并使用矩形工"　"绘制12个矩形，依次设置填充色，并设置描边为"10pt"，完成后旋转各个矩形，并调整层叠次序。打开"文字.ai"，将其中的文字依次拖动到各个矩形中，选择所有形状，选择【效果】/【风格化】/【投影】命令，调整整个矩形和文字的投影，效果如图2-89所示（效果所在位置：效果\第2章\课堂练习\感恩艺术字.ai）。

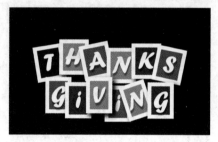

图2-89　感恩艺术字

2.3　上机实训——绘制鹦鹉Logo

2.3.1　实训要求

标志又称为Logo，通常由文字、图形、字母、数字和颜色等组合而成，是公司、机构、店铺等组织的图形化表现形式。本实训将为一家"鹦鹉儿童专卖"的童装品牌制作Logo。在制作时，我们通过绘制简笔鹦鹉，让品牌名称在Logo中得到体现。在制作过程中要求绘制的Logo符合小朋友的审美需求，样式要简单、可爱。

2.3.2　实训分析

"鹦鹉儿童专卖"作为童装品牌，在制作Logo时需要先确定以简笔画的形式展现，在制作时直接使用店铺名称"PARROT（鹦鹉）"作为Logo的主体进行制作。

本实例的鹦鹉Logo，实质是将各种基本图形整合在一起，通过简单的形状组合成鹦鹉造成，并将文字添加到图像的下方，让标志更具有说明性，本实训的参考效果如图2-90所示。

素材所在位置： 素材＼第2章＼上机实训＼Logo文字.ai。

效果所在位置： 效果＼第2章＼上机实训＼鹦鹉Logo.ai。

视频教学
绘制鹦鹉 Logo

图2-90　Logo效果

2.3.3　操作思路

完成本实训主要包括绘制眼睛、嘴、脸部、羽毛与和文字5大步操作，其操作思路如图2-91所示。涉及的知识点主要包括椭圆工具、四边形工具、圆角矩形工具、弧形工具等。

图2-91　操作思路

【步骤提示】

STEP 01　新建大小为80像素×80像素，名为"鹦鹉Logo"的图像文件。

STEP 02　使用椭圆工具，绘制4个颜色分别为"#FEFEFE""#21AB38""#40210F""#FEFEFE"颜色的正圆，并设置最外侧圆的描边为1pt，调整各个圆的位置。

STEP 03　选择所有的圆，按住【Alt】键不放，向右拖动复制圆，完成两个眼睛的绘制。

STEP 04　再次使用椭圆工具，在眼睛的下方绘制颜色为"#F39700"和"#604C3F"的椭圆，完成嘴巴部分的绘制。

STEP 05　选择多边形工具，在嘴巴的上方绘制颜色为"#FEFEFE"的三角形，完成鼻子的绘制。

STEP 06　择圆角矩形工具，并设置颜色为"#006834"，在眼睛的下方绘制圆角矩形，完成脸部的绘制。

STEP 07　再次使用椭圆工具，在脸部的上方绘制颜色为"#8EC31E""#21AB38""#009139""#006834"的椭圆，完成羽毛的绘制。

STEP 08　选择旋转工具，将绘制的羽毛依次旋转，使下方部分重叠在一起，形成羽毛的叠加效果。

STEP 09　选择弧形工具，设置描边为3 pt，在图像的下方绘制弧线。

STEP 10 打开"Logo.ai"文字，将其拖动到弧线下方，保存文件并查看完成后的效果。

2.4 课后练习

1. 练习1——*制作标志*

标志通常由文字和图形组合而成，该练习需要先绘制圆角矩形，并填充对应的颜色，完成后在其上方绘制白色椭圆，并旋转到适当的位置，使其形成镂空效果，再使用钢笔工具绘制枝丫形状，并在下方输入文字。主要涉及圆角矩形工具、椭圆工具、钢笔工具和文字工具等操作，完成后的参考效果如2-92所示。

效果所在位置：效果＼第2章＼课后练习＼标志.ai。

图2-92 标志效果

2. 练习2——*制作网页图标*

打开"网页图标.ai"图像文件，确定图像中的一点，对对象进行旋转并复制操作，制作出一个新的网页图标，最终效果如图2-93所示。

素材所在位置：素材＼第2章＼课后练习＼网页图标.ai。

图2-93 网页图标效果

效果所在位置：效果＼第2章＼课后练习＼网页图标.ai。

3. 练习3——*制作购物券*

购物券是一种促销手段，本例在制作购物券时，先新建购物券文件，使用矩形工具、椭圆工具等绘制基本的形状并填充颜色，之后添加文字即可，完成后的参考效果如图2-94所示。

效果所在位置：效果＼第2章＼课后练习＼购物券.ai。

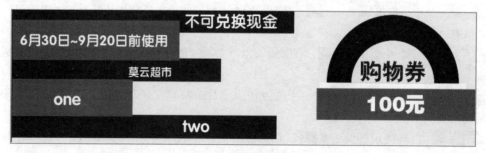

图2-94 购物券效果

第3章

图形的描边与上色

当完成图像的绘制后，还需要对图像进行描边和上色，以丰富图像的显示效果。Illustrator CC为用户提供了多种上色方法，熟练掌握这些方法，不仅可以满足不同的上色需求，还可以大大提高用户的工作效率。本章将详细讲解各种描边与上色方法，包括填充与描边图像、渐变与渐变网格填充、图案的填充等，这些知识在工作中会经常运用，读者需要仔细学习。

📶 课堂学习目标

- 掌握填充与描边图像的方法
- 掌握渐变与渐变网格填充的方法
- 掌握图案填充的方法

▶ 课堂案例展示

菊花

荷花

文字招贴

3.1 填充与描边图像

在Illustrator CC中，填充的方法有多种，如通过"拾色器"面板、"色板"面板、"颜色"面板和"色板库"等。而描边图像则是针对路径上色，使路径效果更加美观。下面先通过为菊花图像上色的案例讲解填充与描边图像的方法，再通过知识点逐个详细讲解各面板的设置。

3.1.1 课堂案例——为菊花图像上色

案例目标： 打开图像文件，对菊花的花朵和树叶的路径进行描边操作，使路径更具有线条感，再对各个部分进行上色，使其更加美观，最后制作成书签，效果如图3-1所示。

知识要点： "颜色"面板；"色板"面板；颜色控制组件。

素材位置： 素材 \ 第3章 \ 菊花.ai、书签.ai。

效果文件： 效果 \ 第3章 \ 菊花.ai、书签.ai。

视频教学
为菊花图像上色

图3-1　完成后的参考效果

具体操作步骤如下。

STEP 01 启动Illustrator CC，打开"菊花.ai"图像文件，如图3-2所示。

STEP 02 选择选择工具，在图像编辑区中，选择一瓣菊花花瓣，在上方的工具属性栏中，设置"描边大小"为3pt，再在"变量宽度配置文件"下拉列表中选择"宽度配置文件2"选项，设置花瓣的描边效果，如图3-3所示。

STEP 03 再次选择一瓣菊花花瓣，按住【Shift】键不放，依次选择其他花瓣路径，使用前面相同的方法为其添加描边效果。

STEP 04 选择一片叶子，按住【Shift】键不放，依次选择除花瓣外的其他路径，在上方的工具属性栏中，设置"描边大小"为4pt，再在"变量宽度配置文件"下拉列表中选择"宽度配置文件1"选项，设置描边效果，完成后的效果如图3-4所示。

图3-2　打开素材效果

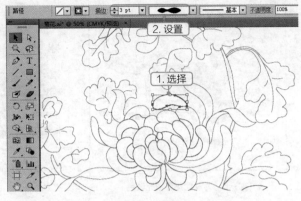

图3-3　设置描边

STEP 05　在图像编辑区中选择一瓣花瓣，选择【窗口】/【颜色】命令，打开"颜色"面板，在C、M、Y、K文本框中分别输入"45""90""50""1"，完成花瓣颜色的设置。

STEP 06　在"颜色"面板中，单击左上角的描边色块，切换为描边颜色的设置，单击下方的白色色块，将描边颜色设置为白色，如图3-5所示。

图3-4　查看设置后的描边效果

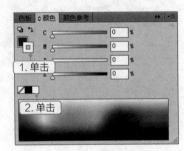

图3-5　填充颜色

技巧　直接绘制后的菊花花瓣是扁平的，这里选择"宽度配置文件2"的描边效果，可以使花瓣的轮廓和形态得到展现，使其更具有灵动性。而叶子对明暗对比度要求更高，为了满足画面的需求，需要先增加描边大小，再设置描边为对比强烈的"宽度配置文件1"描边效果。

STEP 07　使用相同的方法，为其他花瓣设置与前面相同的颜色和描边，查看完成后的效果，如图3-6所示。

STEP 08　再次选择一片叶子，在工具箱中双击"填色"色块，打开"拾色器"对话框，拖动中间滑块将其移动到绿色部分，再在左侧"选择颜色"栏中通过单击鼠标确定填充颜色，完成后单击 确定 按钮，如图3-7所示。

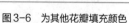

图3-6　为其他花瓣填充颜色

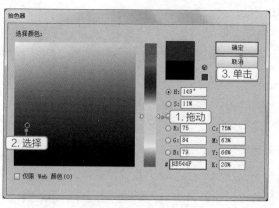

图3-7　选择填充的颜色

STEP 09 使用相同的方法，对图3-8所示的菊花叶子填充与前面相同的颜色，并查看填充后的效果，如图3-8所示。

STEP 10 再次选择其他叶子，选择【窗口】/【色板】命令，打开"色板"面板，单击下方颜色为"C=0 M=0 Y=0 K=70"的色块，填充其他叶子，完成后的效果如图3-9所示。

图3-8　为叶子填充颜色

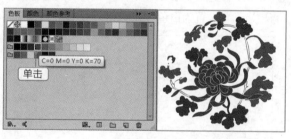

图3-9　为其他叶子填充颜色

STEP 11 选择菊花中所有枝干部分，选择【窗口】/【颜色参考】命令，打开"颜色参考"面板，在"暗色"栏中选择第一排第2个色块，为枝干填充颜色，如图3-10所示。

STEP 12 选择除菊花外的其他路径，在工具属性栏中设置描边颜色为"白色"，使路径能在叶子中体现出来，效果如图3-11所示。

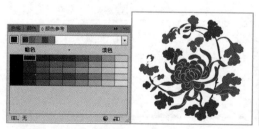

图3-10　为枝干填充颜色

图3-11　修改路径描边颜色

STEP 13 框选整个菊花图像，选择【对象】/【栅格化】命令，打开"栅格化"对话框，保持对话框中的参数不变，单击 确定 按钮，如图3-12所示。

STEP 14 打开"书签.ai"图像文件，将栅格化后的图像拖动到书签中，调整位置和大小，完成后的效果如图3-13所示。

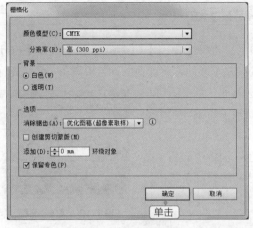

图3-12　栅格化图像

图3-13　查看完成后的效果

疑难解答　| 为什么要栅格化图像？

　　因为书签的原始图像比菊花小，完成颜色填充后的图像，若只是单纯群组后，拖动到书签中进行缩小操作时，图像将会变形，不再具有原始效果。因此需要先栅格化，将其转换为图片形式，在拖动和缩小时将不会发生变化。

3.1.2　认识工具箱中的颜色图标

　　在Illustrator CC软件的工具箱底部有两个可以切换颜色的图标，其中左上角的颜色图标代表当前的填充颜色，右下角的颜色图标代表当前的描边颜色，如图3-14所示。

　　当修改填充和描边后，单击左下角的"默认填色和描边"按钮▣（或按键盘上的【D】键），系统会显示默认的填充与描边颜色（系统所默认的填充为白色，描边为黑色）。当单击其右上角的"互换填色和描边"按钮↻（或按键盘上的【Shift+X】组合键），将会交换所设置的填充与描边颜色，如图3-15所示。

　　　　　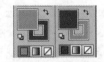

图3-14　填充和描边颜色图标　　　　图3-15　互换填色和描边色

　　填充与描边下方的"颜色"按钮▣、"渐变"按钮▣和"无"按钮▢，分别代表单色、渐变（渐变填充的操作将在后面讲解）和无色，而单色即指单纯的颜色，如红、黄、蓝、绿等。

技巧　双击"填充"或"描边"色块将打开"拾色器"对话框。"拾色器"是定义颜色的对话框，在其中可通过单击需要的颜色进行设置，也可输入颜色数值精确设置颜色。

3.1.3　通过"颜色"面板设置填色与描边

通过"颜色"面板可以设置填充颜色和描边颜色。选择【窗口】/【颜色】命令或按【F6】键，可打开或隐藏"颜色"面板，如图3-16所示。其中左上角的两个颜色图标与工具箱的颜色图标一致，分别代表填充色和描边色。单击"颜色"面板上的"互换填色和描边"按钮，可在填充颜色和描边颜色之间相互切换（与工具箱中的"互换填色和描边"按钮作用相同）。

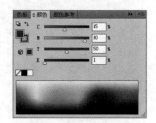

选择填充颜色图标或描边颜色图标，拖动"颜色"面板中的各个颜色滑块或在各个文本框中输入颜色值，可以设置对应的填充颜色或描边颜色。将鼠标指针移动到下方的颜色光谱条上，当鼠标指针变为形状时，单击可选取颜色。此外，如果要删除填充或描边颜色，可单击面板左下角的"无"按钮。

图3-16　"颜色"面板

技巧 如果初始打开的"颜色"面板中没有文本框，可单击面板右上角的按钮，在弹出的下拉菜单中选择【显示选项】命令，将其显示出来。同时在拖动颜色滑块调整颜色时，按住【Shift】键，可以移动与之关联的其他滑块（除HSB颜色模式外），通过这种方式可以调整颜色的明度。

3.1.4　通过"色板"面板设置填色与描边

在Illustrator中，色板是集颜色、色调、渐变，以及图案在一起，有系统排列的一种彩色图板。色板可以单独出现，也可以成组出现。通过"色板"面板可设置颜色，在工具箱中选择需设置的颜色图标，选择【窗口】/【色板】命令，打开"色板"面板，选择相应的颜色即可将该颜色设置为对应的填充色或描边色，图3-17所示为"色板"面板。

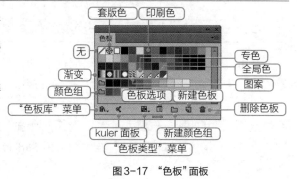

图3-17　"色板"面板

下面对"色板"面板各选项的含义分别进行介绍。

- **无**：删除描边或填色。
- **套版色**：它是内置的色板，利用它填充或描边的对象可从PostScript打印机进行分色打印。例如，套准标记使用"套版色"，这样印版可在印刷机上精确对齐。由于套版色是内置色板，因此不能编辑。
- **印刷色**：印刷色是使用四种标准印刷色油墨的组合打印，青色、洋红色、黄色和黑色。默认情况下，Illustrator将新色板定义为印刷色。
- **渐变**：渐变是同一颜色或不同颜色的两个或多个色调之间的渐变混合。渐变色可以指定为CMYK印刷色、RGB颜色或专色。
- **专色**：专色是预先混合的用于代替或补充CMYK四色油墨的油墨。

● 全局色：当编辑全局色时，图稿中的全局色自动更新，所有专色都属于全局色。

● 图案：图案是带有实色填充或不带填充的重复（拼贴）路径、复合路径，以及文本。

● 颜色组：颜色组可以包含印刷色、专色和全局印刷色，而不包含图案、渐变、无或套版色色板。可以使用"颜色参考"面板或"重新着色图稿"对话框来创建基于颜色协调的颜色组。若要将现有色板放入到某个颜色组中，可在"色板"面板中选择色板（按住【Ctrl】键单击色板）并单击"新建颜色组"按钮 。

● "色板库"菜单：单击"色板"面板中的" '色板库' 菜单"按钮 ，在弹出的下拉菜单中可选择一个色板库，再在打开的面板中单击面板底部的"加载上一色板库"按钮 或"加载下一色板库"按钮 ，可快速切换到相邻的色板库。若选择【其他库】命令，可在打开的对话框中将其他文件的色板样本、渐变样本和图案样本导入到"色板"面板中。

● "Kuler"面板：要使用"Kuler"面板，需要先连接到互联网，否则无法使用"Kuler"面板。单击"色板"面板中的"打开Kuler面板"按钮 或选择【窗口】/【Kuler】命令，可打开"Kuler"面板，此时，可自动访问由在线设计人员社区所创建的颜色组。

● "色板类型"菜单：通过"色板类型"菜单可以访问所有色板、颜色色板、渐变色板、图案色板和颜色组。单击"色板"面板中的"显示 '色板类型' 菜单"按钮 ，在弹出的下拉菜单中选择相应命令即可。

● 色板选项：双击"色板"面板中的印刷色色块或单击"色板"面板下方的"色板选项"按钮 ，可打开"色板选项"对话框，在其中可以设置颜色属性。

● 新建颜色组：在"色板"面板中选择色板后，单击下方的"新建颜色组"按钮 ，可打开"新建颜色组"对话框，在"名称"文本框中输入颜色组的名称，单击 确定 按钮，可以创建一个颜色组。

● 新建色板：在"色板"面板中，基于当前的色板样式，可以创建一个新色板。其方法为：单击"色板"面板底部的"新建色板"按钮 ，打开"新建色板"对话框。在此对话框中设置需要的颜色后，单击 确定 按钮，即可将所设置的颜色定义为新的颜色色块。

● 删除色板：在"色板"面板中选择需要删除的色块，单击该面板窗口右下角的"删除色板"按钮 ，或单击右上角的 按钮，在弹出的下拉菜单中选择【删除色板】命令，即可将选择的色块删除。另外，在"色板"面板中将需要删除的色块直接拖到"删除色板"按钮 上，也可将该色块删除。

3.1.5　通过"颜色参考"面板设置填色与描边

"颜色参考"面板是基于"拾色器""色板""颜色"等面板中所选择的颜色而存在。当使用"拾色器"、"色板"面板或"颜色"面板设置一种颜色后，"颜色参考"面板将会自动生成与之协调的颜色方案，供用户选择使用。选择【窗口】/【颜色参考】命令，或按【Shift+F3】组合键，即可打开"颜色参考"面板，如图3-18所示。在工具箱中选择需设置的填充或描边图标，再在"颜色参考"面板中选择相应颜色即可。

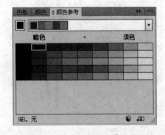

图3-18　"颜色参考"面板

课堂练习 ——为卡通人物填充颜色

本练习将先打开"卡通人物.ai"图像文件，使用填充工具，对每个人物依次描边和填充颜色，完成后的效果如图3-19所示（效果所在位置：效果\第3章\课堂练习\卡通人物.ai）。

图3-19 为卡通人物填色

3.2 渐变与渐变网格填充

渐变是指由两种或两种以上的颜色混合填充图像的一种填充方式，包括"线性"渐变和"径向"渐变两种类型。而渐变网格则是将网格与渐变填充完美地结合在一起，编辑或移动网格线上的点，可以对图形应用多个方向、多种颜色的渐变填充，使色彩渐变更加丰富、平滑。下面将先以为水墨荷花上色为例，讲解调整与编辑渐变颜色以及渐变网格的使用方法。再通过知识点详细讲解渐变与渐变网格的基础知识。

3.2.1 课堂案例——为荷花上色

案例目标：打开图像文件，先使用填充工具对底纹、根茎部分填色，然后选择荷叶部分和荷花部分填充渐变效果，再使用渐变网格对花瓣添加纹理，最后将上色后的荷花添加到画框中，完成后的参考效果如图3-20所示。

知识要点：填充工具；吸管工具；渐变工具；渐变网格。

素材位置：素材\第3章\荷花.ai、荷花背景.ai。

效果文件：效果\第3章\荷花.ai、荷花展示效果.ai。

视频教学
为荷花上色

图3-20 完成后的参考效果

具体操作步骤如下。

STEP 01 打开"荷花.ai"图像文件，可发现整个文件都是以框线形式显示，如图3-21所示。

STEP 02 选择图像编辑区中的正圆，在工具箱中双击"填色"色块，打开"拾色器"对话框，在其中设置填充色为"#F1E6CE"，单击 确定 按钮，为正圆填充颜色，如图3-22所示。

STEP 03 在工具箱中单击"描边"色块，在下方单击"无"按钮 ⊠，取消正圆的描边显示，再按【Ctrl+2】组合键，将圆锁定，效果如图3-23所示。

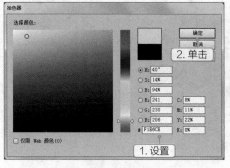

图3-21 打开素材   图3-22 设置填充色   图3-23 取消描边后的效果

STEP 04 按住【Ctrl】键不放，使用选择工具 ▶ 依次选择荷花的根茎部分，再设置描边颜色为"#3C7E38"，为根茎填充颜色，如图3-24所示。

STEP 05 使用选择工具 ▶，选择荷叶部分，在工具箱中单击"渐变"按钮 ▣，切换为渐变模式，此时发现选择的部分已经呈黑白渐变显示，如图3-25所示。

STEP 06 选择【窗口】/【渐变】命令，打开"渐变"面板，设置类型为"线性"，双击最左侧白色滑块，打开颜色调整面板，单击左侧"色板"按钮 ▦，在其中选择颜色为"C=50 M=0 Y=100 K=0"的颜色，单击"颜色"按钮 ▤，在其中分别设置C、M、Y、K栏的值为"52""4""88""0"，如图3-26所示。

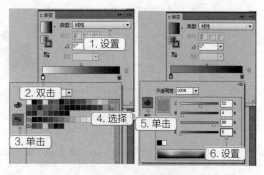

图3-24 填充根茎   图3-25 添加渐变   图3-26 设置渐变颜色

🛒 技巧 第一次使用渐变时，颜色按钮当前显示的颜色是黑灰色，没有其他颜色。若想要其他颜色，需要先在"色板"中选择一种颜色，再在"颜色"中对选择的颜色进行调整，这样展现的效果才更加美观。

STEP 07 此时可发现荷叶的上半部分已经发生变化，如图3-27所示。

STEP 08 双击最右侧黑色滑块，打开颜色调整面板，单击左侧"色板"按钮 ，在其中选择颜色为"C=90 M=30 Y=95 K=30"的颜色。单击"颜色"按钮 ，在其中分别设置C、M、Y、K栏的值为"90""54""100""24"，此时可发现荷叶已经有了简单的渐变效果，最后设置"角度"为-180°，使渐变更具有层次，设置后的效果如图3-28所示。

 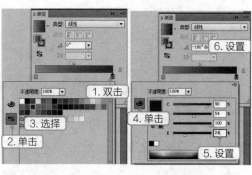 

图3-27　设置渐变后的效果　　　　　　　　　　图3-28　完成后的荷叶效果

STEP 09 选择荷叶左下角的一块未填充区域，在工具箱中选择吸管工具 ，单击渐变后的荷叶，即可快速对选择区域应用相同的颜色，如图3-29所示。

STEP 10 使用相同的方法对其他未填充的荷叶区域应用渐变效果，完成后如图3-30所示。

STEP 11 选择荷叶中的一条纹理，在工具箱中单击"描边"图标，切换为描边操作，单击"渐变"按钮 ，可发现荷叶设置后的渐变效果自动运用到描边中，打开"渐变"面板，设置"角度"为-180°，即可完成描边的渐变设置，如图3-31所示。若描边需要其他渐变颜色，可在"渐变"面板中对颜色重新设置。

图3-29　吸取渐变颜色　　图3-30　其他荷叶应用渐变后的效果　　图3-31　设置渐变角度

STEP 12 选择所有荷叶区域，取消图像中的描边效果，使荷叶显得干净，效果如图3-32所示。

STEP 13 选择一片荷花花瓣，打开"渐变"面板，设置"角度"为-180°，双击最右侧黑色滑块，打开颜色调整面板，单击左侧"色板"按钮 ，在其中选择颜色为"C=0、M=95 Y=20 K=30"的颜色。单击"颜色"按钮 ，在其中分别设置C、M、Y、K栏的值为"7""87.5""14.5""0"，此时可发现花瓣的颜色已经发生变化，如图3-33所示。

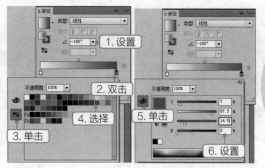

图3-32　去除描边后的荷叶效果　　　　　　　图3-33　设置花瓣渐变效果

STEP 14　使用相同的方法，选择其他荷花花瓣，在工具箱中选择吸管工具 ，单击设置渐变的花瓣，复制渐变效果，完成后选择所有花瓣，取消描边显示，效果如图3-34所示。

STEP 15　选择花瓣上所有露珠形状的小圆点，在工具属性栏中，设置描边颜色为白色，效果如图3-35所示。

STEP 16　在工具箱中选择椭圆工具 ，在荷叶的下方绘制5像素×9像素的椭圆作为滴落的露珠，打开"色板"面板，设置填充色为"C=90 M=30 Y=95 K=30"，如图3-36所示。

图3-34　制作其他花瓣　　　　　图3-35　设置露珠描边颜色　　　　　图3-36　绘制露珠形状

STEP 17　放大显示椭圆，在工具箱中选择网格工具 ，在椭圆的中间区域单击鼠标确定网格线，如图3-37所示。

STEP 18　选择直接选择工具 ，将鼠标指针移动到网格的中间，向下拖动，调整网格位置，打开"色板"面板，选择"C=0 M=0 Y=0 K=5"的颜色，此时可发现选择的颜色与原有颜色呈现渐变效果，如图3-38所示。

STEP 19　再次选择网格工具 ，在椭圆的中间区域单击创建网格线，向下拖动，调整网格位置，打开"色板"面板，选择"C=50 M=0 Y=100 K=0"的颜色，使椭圆呈现露珠的纹理，如图3-39所示。

STEP 20　缩小显示，可发现绘制的椭圆已经具备露珠滴落的效果，如图3-40所示。

STEP 21　选择露珠，按住【Alt】键不放拖动复制露珠，并分别进行缩小显示，完成后的效果如图3-41所示。

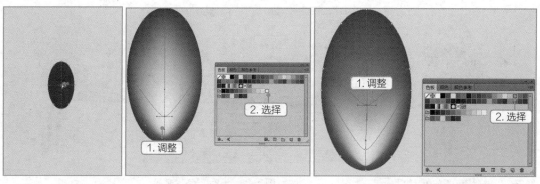

图3-37　添加网格线　　　图3-38　调整网格线位置并添加颜色　　　图3-39　再次添加颜色

STEP 22　选择图像中的文字，将描边颜色修改为"C=50 M=40 Y=60 K=25"，"描边粗细"修改为0.5pt，调整文字位置和大小，效果如图3-42所示。

图3-40　完成露珠的绘制　　　图3-41　复制并缩小露珠　　　图3-42　修改文字描边颜色

STEP 23　取消锁定的背景，选择所有图像，单击鼠标右键，在弹出的快捷菜单中选择【编组】命令，将其群组，如图3-43所示。

STEP 24　打开"荷花背景.ai"图像文件，将群组后的荷花拖动到图像中，调整图像位置。双击荷花的正圆背景，使其呈选择状态，设置描边颜色为"#AF9891"，为图像添加边框使荷花更具有装裱后的画面感，保存图像并查看完成后的效果，如图3-44所示。

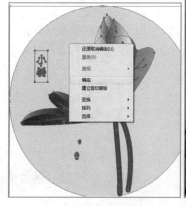

图3-43　群组图像　　　　　　图3-44　查看完成后的效果

技巧 这里"取消锁定的背景"主要是通过"图层"面板解锁,打开"图层"面板,选择锁定后的图层,单击"切换锁定"按钮🔒,即可解锁,其具体方法将在第6章详细介绍。

3.2.2 认识"渐变"面板

通过"渐变"面板可以应用、创建和修改渐变。选择【窗口】/【渐变】命令或按【F9】键,即可打开"渐变"面板,如图3-45所示。

下面对各选项的作用分别进行介绍。

图3-45 "渐变"面板

- 渐变框:显示了当前的渐变颜色,单击它可用渐变填充当前选择的对象。若单击右侧的下拉按钮⬛,可在弹出的下拉列表中选择一种预设的渐变样式(即"色板"面板中的渐变面板)。

- 类型:在该下拉列表框中可以设置渐变的类型。其中包括"线性"渐变和"径向"渐变两种。选择不同的选项会得到不同类型的渐变效果。图3-46、图3-47所示分别为选择"线性"和"径向"渐变时产生的不同填充效果。

- 反向渐变:单击⬛按钮,可以反转渐变颜色的填充顺序。图3-48所示为反向渐变前后的效果。

图3-46 线性渐变　　　图3-47 径向渐变　　　　　图3-48 反向渐变前后效果

- 描边:单击⬛按钮,可以在描边中应用渐变;单击⬛按钮,可沿描边应用渐变;单击⬛按钮,可跨描边应用渐变,如图3-49、图3-50、图3-51所示。

图3-49 描边中应用渐变　　　图3-50 沿描边应用渐变　　　图3-51 跨描边应用渐变

- 角度:角度决定了线性渐变的方向(角度),图3-52、图3-53所示分别是"角度"为0°和"角度"为45°时图形产生的不同效果。

- 长宽比:当填充径向渐变时,在该文本框中输入数值,或单击右侧的下拉按钮⬛,在弹出的下拉列表中选择相应数值,可创建椭圆渐变。

- 渐变条:渐变条用于设置渐变颜色和颜色的位置。选定下方的渐变滑块后,可通过"颜色"

面板设置它的颜色。上方菱形图标用来定义两个滑块之间颜色的混合位置。单击滑块将其选择，再单击右侧的"删除色标"按钮，或直接拖动到面板外，可将其删除。

● 不透明度：设置一个渐变滑块后，在该文本框中设置不透明度的值，可以使颜色呈现透明效果，如图3-54所示。

图3-52　"角度"为0°　　　　　图3-53　"角度"为45°　　　　　图3-54　"不透明度"为50%

● 位置：只有在"渐变"面板中选择了渐变滑块之后，该选项才可用，其右侧的参数显示了当前所选渐变滑块的位置。

3.2.3　渐变工具

渐变工具可以对图形上的渐变效果进行编辑，渐变工具与"渐变"面板所提供的大部分功能相同。其方法为：在工具箱中选择渐变工具 ，或按【G】键，在要应用渐变的开始位置上单击，拖动到渐变的结束位置释放鼠标，图3-55所示即为应用线性渐变后的效果。将鼠标指针移动到渐变条的一侧，当其变为 时，可以通过单击拖动来重新定位渐变的角度。拖动渐变滑块的圆形端可重新定位渐变的原点，而拖动箭头端则会增大或减少渐变的范围，图3-56所示即为定位渐变角度效果。

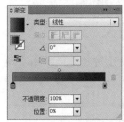　

图3-55　创建渐变条　　　　　　　　　　　　　　图3-56　旋转定位渐变角度

疑难解答 | 如何将渐变扩展为图形？

选择填充渐变后的对象，选择【对象】/【扩展】命令，打开"扩展"对话框，单击选中"填充"复选框，在"指定"文本框中输入图形数值，单击 确定 按钮，即可将渐变填充扩展为相应数量的图形，如图3-57所示。

图3-57　将渐变扩展为图形

3.2.4　吸管工具

吸管工具 用来吸取图像的颜色，对用户来说使用吸管工具 可快速将相同的颜色应用于多个对象。

要使用吸管工具 将图形颜色从一个对象传递到另一个对象，需先使用选择工具 选择需要改变颜色的对象，如图3-58所示。然后在工具箱中选择吸管工具 ，再使用该工具单击画板中需要的颜色，如图3-59所示。即可吸取颜色并传递给另一对象，如图3-60所示。

若要对该工具可以选择和应用的对象进行更多的设置，可以通过"吸管选项"对话框来设置。双击吸管工具 ，打开"吸管选项"对话框，从中可以根据需应用的属性来选中或取消选中各复选框，如图3-61所示。

图3-58　选择对象

图3-59　吸取颜色

图3-60　最终效果

图3-61　"吸管选项"对话框

3.2.5　认识渐变网格

渐变网格对象是一种多色填充对象，创建渐变网格对象时，会出现多条线交叉穿过对象，这些线称为网格线。在网格线相交处有一个锚点，它被称为网格点，具有与锚点相同的属性，只是增加了接受颜色填充的功能。网格对象中任意4个网格点之间的区域被称为网格单元，网格单元也可以进行颜色填充，如图3-62所示。

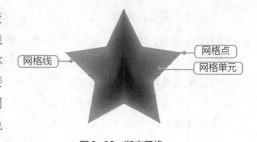
图3-62　渐变网格

疑难解答　渐变网格与渐变之间有什么区别呢？

渐变与渐变网格都可对对象创建多种颜色平滑过渡的渐变效果。它们的区别在于，渐变网格只能应用于一个图形，但可以在图形内产生多个渐变，让渐变沿不同的方向分布，如图3-63所示。而渐变填充可以应用于一个或多个对象，但渐变的方向只能是单一的，如图3-64所示。

图3-63　渐变网格

图3-64　线性渐变

3.2.6　创建渐变网格

渐变网格对象都是由其他对象转换而来的。创建网格对象的方法有3种：一是利用工具箱中的网格工具 📷 ；二是利用【对象】/【创建渐变网格】命令；三是利用【对象】/【扩充】命令，下面将分别进行介绍。

- 使用网格工具创建渐变网格：使用网格工具 📷 可以在一个操作对象内创建多个渐变点，从而使图形产生多个方向和多种颜色的渐变填充效果。
- 使用菜单命令创建渐变网格：选择一个图形，然后选择【对象】/【创建渐变网格】命令，系统将打开"创建渐变网格"对话框。在该对话框中设置合适的参数及选项后，单击 确定 按钮，即可将当前选择的对象创建为网格对象，并在此对象内生成网格点及网格单元。
- 由渐变填充创建渐变网格：Illustrator中的渐变填充对象（线性和径向）可以完美地转换成网格填充对象。选择一个渐变填充对象，选择【对象】/【扩展】命令，打开"扩展"对话框，选中"渐变网格"单选项，单击 确定 按钮，可将渐变填充对象转换为具有渐变外观的网格对象。

3.2.7　编辑渐变网格

将对象转换为网格对象之后，便可以对生成的网格点进行编辑。编辑操作包括添加网格点、删除网格点、移动网格点和编辑网格点等，下面分别进行介绍。

- 添加网格点：选择一个图形，再选择网格工具 📷 ，将鼠标指针移动到网格对象中，单击鼠标，可在单击处添加一个网格点，同时相应的网格线通过新的网格点延伸至对象的边缘。如果将鼠标指针移动到网格线上单击鼠标，则可在网格线上添加一个网格点，同时生成一条与此网格线相交的网格线。如果在添加网格点时，按住【Shift】键同时单击鼠标，可以创建一个无颜色属性的网格点。
- 删除网格点：复杂的网格对象会使系统性能大大降低，因此，可将对象中多余的网格点删除。其方法为：按住【Alt】键，再将鼠标指针移动到网格点上，鼠标指针将显示为 ⊡ 形状，此时单击鼠标左键，即可将此网格点及相应的网格线删除。
- 移动网格点：将鼠标指针移动到创建的网格点上，当鼠标指针显示为 ⊡ 形状时，按住鼠标左键并拖动，即可改变网格点的位置。
- 编辑网格点：利用直接选择工具 ▶ 选择网格点后，该网格点将如路径上的锚点一样在其两侧显示控制手柄，单击并拖动控制手柄，可以编辑连接此网格点的网格线，改变网格线的形状，从而调整颜色的混合范围。

🛒 **技巧** 若按住【Shift】键拖动控制手柄，可一次移动该网格点周围所有的方向线。另外，如果使用直接选择工具 ▶ 在网格单元上单击，可以选择网格单元，单击并拖动鼠标，可以移动网格单元。利用直接选择工具 ▶ 和转换锚点工具 ▶ 都可以对网格点和网格线进行编辑，其方法与编辑路径的方法相同。

課堂練習 ——为小鲸鱼上色

本练习将先打开"小鲸鱼.ai"图形文件，使用填充工具对图形中的各个形状上色，最后选择鲸鱼图像，使用渐变工具为鲸鱼添加渐变效果，完成后的效果如图3-65所示（效果所在位置：效果＼第3章＼课堂练习＼小鲸鱼.ai）。

图3-65　小鲸鱼

3.3 图案填充

在Illustrator软件中，不仅可以使用颜色、渐变色填充所选择的图形对象，还可以在图形中填充图案，图案填充可以使绘制的图形更加生动、形象。下面将先通过制作文字招贴的案例讲解图案和纹理的填充方法，再对填充预设图案、自定义图案，以及变换图案的方法进行介绍。

3.3.1 课堂案例——制作文字招贴

案例目标： 新建图像文件，使用文字工具输入文字，依次修改文字大小和颜色，为文字表面添加图案叠加效果，完成后添加美化素材，使文字招贴的效果更加美观，完成后的参考效果如图3-66所示。

知识要点： 图案填充；文字工具；矩形工具。

素材位置： 素材＼第3章＼招贴小素材.ai。

效果文件： 效果＼第3章＼文字招贴.ai。

视频教学
制作文字招贴

图3-66　文字招贴效果

具体操作步骤如下。

STEP 01 启动Illustrator CC，选择【文件】/【新建】命令，打开"新建文档"对话框，设置"名称"、"大小"分别为"文字招贴""A4"，并在取向栏中单击"横向"按钮，完成后单击 ▬▬确定▬▬ 按钮，如图3-67所示。

STEP 02 在工具箱中选择矩形工具，在工具属性栏中设置矩形颜色为"C=60 M=90 Y=0 K=0"，在图像编辑区的一角处按住鼠标左键不放，拖动绘制出与图像编辑区大小相同的矩形，如图3-68所示，按【Ctrl+C】组合键复制矩形，再按【Ctrl+V】组合键将矩形粘贴。

STEP 03 打开"色板"面板，单击▬按钮，在弹出的下拉菜单中选择【打开色板库】/【图案】/【基本图形】/【基本图形_点】命令，如图3-69所示。

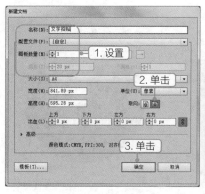

图3-67　新建文档　　　　　　　图3-68　绘制矩形　　　　　　　图3-69　选择选项

STEP 04 打开"基本图形_点"面板，在面板的下方选择"6 dpi 20%"选项，此时可发现矩形已经被圆点填满，如图3-70所示。

STEP 05 选择【窗口】/【透明度】命令，打开"透明度"面板，设置"不透明度"为20%，此时可发现圆点已经变淡，如图3-71所示。

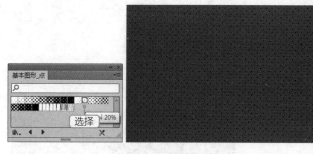

图3-70　填充圆点图案　　　　　　　　　　图3-71　设置圆点透明度

STEP 06 在工具箱中选择文字工具 T ，在工具属性栏中设置"字体"为"华文琥珀"，输入文字并调整其大小及各个文字的位置，效果如图3-72所示。

STEP 07 选择所有文字并在其上单击鼠标右键，在弹出的快捷菜单中选择【创建轮廓】命令，如图3-73所示。

STEP 08 选择文字，按【Ctrl+C】组合键复制文字，再按【Ctrl+V】组合键粘贴文字，选择上层的文字，在其上单击鼠标右键，在弹出的快捷菜单中选择【取消编组】命令，如图3-74所示。

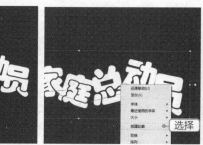

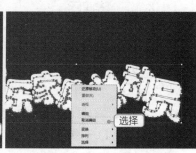

图3-72　输入并调整文字　　　　图3-73　选择【创建轮廓】命令　　　　图3-74　取消编组

STEP 09 将白色的背景文字颜色修改为"#030000"，再分别将上层文字颜色修改为
"#EBA41E""#DB4A8D""#E4DD2B""#2691AF""#E8DA2B""#98C22F""#80BDCE"，
如图3-75所示。

STEP 10 选择上层的文字，按【Ctrl+C】组合键，复制文字，再按【Ctrl+F】组合键，将文
字贴在前面。

STEP 11 打开"色板"面板，单击 按钮，在弹出的下拉菜单中选择【打开色板库】/【图
案】/【基本图形】/【基本图形_纹理】命令，如图3-76所示。

STEP 12 打开"基本图形_纹理"面板，选择文字，再在面板的下方选择"对角线"图形，此
时可发现文字已被斜线填满。打开"透明度"面板，设置图层"混合模式"为"柔光"，如图3-77
所示。

图3-75 修改文字颜色

图3-76 选择命令

图3-77 选择纹理

STEP 13 此时可发现文字的上方有一层浅浅的斜横，效果如图3-78所示。

STEP 14 打开"招贴素材.ai"图像文件，将其中的素材添加到文字上方，并调整各个图像的
叠加顺序，效果如图3-79所示。

图3-78 填充斜线后的效果

图3-79 添加招贴素材

STEP 15 在工具箱中选择椭圆工具 ，在文字的下方绘制颜色为"#40210F"的椭圆，效果
如图3-80所示。

STEP 16 选择【效果】/【风格化】/【投影】命令，打开"投影"对话框，保持对话框中的
参数不变，单击 确定 按钮，如图3-81所示。

STEP 17 返回图像编辑区，即可发现椭圆的下方已经添加了投影，保存图像并查看完成后的
效果，如图3-82所示。

图3-80　绘制椭圆　　　　　　图3-81　设置投影参数　　　　　图3-82　查看完成后的效果

3.3.2　填充预设图案

在Illustrator中，系统提供了多种预设图案样式供用户选择。使用预设图案填充的方法为：选择需要填充图案的图形，如图3-83所示。在工具箱中将"填色"设置为当前编辑状态，单击"色板"面板中的"'色板库'菜单"按钮 ，在弹出的下拉菜单中选择系统预设的图案库，如图3-84所示。此时，将打开相应的面板，选择面板中的任一图案，如图3-85所示，即可将其应用到所选对象，如图3-86所示。

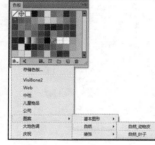

图3-83　选择图形　　　　图3-84　选择图案库　　　　图3-85　选择图案　　　　图3-86　填充图案效果

3.3.3　自定义图案

除了使用Illustrator提供的图案以外，还可以创建自定义图案，以方便后期使用。其方法为：选择需要自定义的图案，打开"色板"面板，将选择的图案拖动到"色板"面板中，即可自定义图案，如图3-87所示。

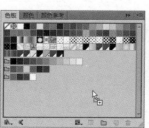
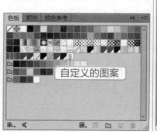

图3-87　添加自定义图案

3.3.4　变换图案

在创建了图案并将其应用到图形中后，可能会出现图案在图形中角度错误，此时，即可使用旋转工具 或命令来变换图案角度。

其方法为：使用选择工具 选择填充图案的图形，如图3-88所示，双击旋转工具 ，打开"旋转"对话框；在"角度"文本框中输入相应数值，取消选中"变换对象"复选框，单击选中"变换图案"复选框，单击 按钮，此时可按照设置的参数旋转图案，如图3-89所示。

图3-88　选择图形　　　　　　　　　　　　　　　图3-89　旋转图案

如果要移动图形中的图案，可先选择图案，选择【对象】/【变换】/【移动】命令，或双击选择工具 打开"移动"对话框，在该对话框中设置相关的参数即可变换图案位置。"移动"对话框中包含了"变换对象"与"变换图案"复选框，如果取消选中"变换对象"复选框，单击选中"变换图案"复选框，即只会移动图案。

技巧 在工具箱中选择旋转工具 ，按住【~】键的同时在图形上单击并拖动鼠标，可旋转填充图案。此外，使用Illustrator中的其他变换工具，如镜像工具 、比例缩放工具 、倾斜工具 等也可以相同的方法对图案进行镜像、缩放和变形等操作。变换图案的方法与变换图形的操作方法相似。

课堂练习——为商品袋添加图案

本练习将先打开"商品袋.ai"图形文件，使用系统自带的"Vonster图案"对商品袋添加"旋涡2"图案，完成后的效果如图3-90所示（效果所在位置：效果\第3章\课堂练习\商品袋.ai）。

图3-90　商品袋

3.4 上机实训——制作水晶按钮

3.4.1 实训要求

在浏览网页或应用软件中，通常会看到各种各样的按钮，这些按钮外观多样。在制作时不但需要表面有水晶的特征，还要体现出按钮的质感。

3.4.2 实训分析

水晶按钮虽然看似复杂，其实制作过程非常简单，本例将主要使用填充工具、渐变工具及渐变面板来制作漂亮的水晶按钮。完成水晶按钮的制作后，再使用文字工具输入文字，本实训的参考效果如图3-91所示。

效果所在位置：效果\第3章\上机实训\水晶按钮.ai。

视频教学
制作水晶按钮

图3-91 水晶按钮

3.4.3 操作思路

完成本实训主要包括制作圆环、圆环渐变、内圆渐变、高光和反光5大步操作，其操作思路如图3-92所示。涉及的知识点主要包括填充工具、渐变工具、文字工具等。

图3-92 操作思路

【步骤提示】

STEP 01 新建一个20cm×20cm的文档，使用矩形工具 绘制一个与画板相同大小的正方形，并填充为"黑色"。选择渐变工具 ，在正方形上单击鼠标应用默认渐变。选择【效果】/【扭曲】/【海洋波纹】命令，打开"海洋波纹"对话框，设置"波纹大小"为1，"波纹幅度"为20，单击 确定 按钮，

STEP 02 选择椭圆工具 ，按住【Shift】键绘制两个正圆，然后选择直线段工具 穿过圆心绘制一个直线，同时选择两个正圆形和直线，按【Shift+Ctrl+F9】组合键，打开"路径查找器"面板，单击"分割"按钮 。

STEP 03 在图形上单击鼠标右键，在弹出的快捷菜单中选择【取消编组】命令。选择中间的圆形，按【Delete】键将其删除，得到圆环。

STEP 04 选择上半部的圆形，按【Ctrl+F9】组合键，打开"渐变"面板，设置类型为"线

性"，并设置渐变颜色从左至右分别为"K:43""K:12""K:52""K:16""K:60"。

STEP 05 选择下半部的圆形，设置类型为"径向"，并设置渐变颜色从左至右分别为"K:85""K:83""K:28""K:23""K:31""K:44"。

STEP 06 选择两个半圆环，按【Ctrl+C】组合键，再按【Ctrl+F】组合键原位复制对象，选择【效果】/【像素化】/【铜版雕刻】命令，打开"铜版雕刻"对话框，设置类型为"中等点"，单击 确定 按钮。

STEP 07 按【Shift+Ctrl+F10】组合键，打开"透明度"面板，设置"不透明度"为10%。使用椭圆工具 ◎ 绘制一个与内圆大小相同的圆形，并使用相同的方法填充渐变颜色，设置"类型"为线性，"角度"为45°，渐变颜色从左至右分别为"K:43""K:12""K:52""K:16""K:60"。

STEP 08 再绘制一个稍小的圆形，并填充渐变效果。

STEP 09 继续绘制一个稍小的圆形，打开"渐变"面板，双击渐变滑块，在打开的面板中单击 按钮，在弹出的下拉菜单中选择【CMYK】命令，返回面板，分别设置CMYK值为"24""0.14""36""0"。再使用相同的方法设置后两个渐变滑块的颜色。

STEP 10 继续绘制正圆，填充与上方圆形相同的渐变，选择渐变工具 ■ ，显示渐变调整条。将鼠标指针移动到渐变调整条上，按住鼠标左键不放，向右下角拖动调整渐变。

STEP 11 再次绘制一个正圆，填充为白色，在工具属性栏中单击"填充"按钮 □ 右侧的下拉按钮，在弹出的列表框中选择"褪色的天空"选项。打开"渐变"面板，设置"角度"为-90°，设置渐变滑块颜色均为白色。

STEP 12 再次绘制一个正圆，在"透明度"面板中设置不透明度为"10%"。在"图层"面板中设置图层混合模式为"滤色"。使用钢笔工具 ◢ 在圆形下方绘制反光部分。

STEP 13 选择【效果】/【模糊】/【高斯模糊】命令，打开"高斯模糊"对话框，设置"半径"为20，单击 确定 按钮。

STEP 14 再次利用钢笔工具 ◢ 在左上角和右下角绘制3个不规则的反光形状，然后填充白色并设置不透明度，利用椭圆工具 ◎ 绘制两个大小不相同的圆形高光。

STEP 15 使用文字工具 T 在按钮上方输入"AI"文本，设置"字体"为"微软雅黑"，"字号"为108，"颜色"为黑色，并复制文字，设置颜色为"#595757"，将其放置于黑色文字下方。选择【效果】/【模糊】/【高斯模糊】命令，打开"高斯模糊"对话框，设置"半径"为15，单击 确定 按钮。

3.5 课后练习

1. 练习1——*制作插画效果*

插画是运用图案表现艺术的一种形式，插画的应用范围很广，如平面和电子媒体、书籍、商品包装和T恤等。通过对线稿图形进行上色，得到插画的效果，完成后的效果如图3-93所示。

素材所在位置： 素材\第3章\课后练习\线稿.ai。

效果所在位置： 效果\第3章\课后练习\插图.ai。

图3-93　完成后的效果

2. 练习2——*制作小鹿书签*

打开"小鹿书签.ai"图像文件，先为左侧的小鹿填充不同的颜色，再对右侧的纹理依次添加不同的颜色，完成后的参考效果如图3-94所示。

素材所在位置： 素材\第3章\课后练习\小鹿书签.ai。

效果所在位置： 效果\第3章\课后练习\小鹿书签.ai。

图3-94　完成后的效果

第4章

复杂图形的绘制

基本图形的绘制与编辑只能满足简单图像的制作，若需要绘制复杂多变的图形，只能通过钢笔工具。本章将先讲解使用钢笔工具绘制图形的方法，再对画笔工具、透视图工具和符号工具的使用方法分别进行介绍，让读者能更好地完成复杂形状的绘制。

课堂学习目标

- 掌握使用钢笔工具绘制图形的方法
- 掌握使用画笔工具绘制图形的方法
- 掌握使用透视图工具绘制图形的方法
- 掌握使用符号工具绘制图形的方法

课堂案例展示

卡通人物

兰花

包装袋

4.1　使用钢笔工具绘制图形

钢笔工具是Illustrator中最重要的绘图工具，可以绘制直线和任意曲线路径，从而制作出各种类型的图形。下面先通过绘制卡通人物的案例讲解钢笔工具  的使用方法，再通过知识点分别讲解钢笔工具、铅笔工具，以及路径和锚点的编辑方法。

4.1.1　课堂案例——绘制卡通人物

案例目标： 在动漫影视作品中，可以看到许多不同类形的卡通人物。下面将协同使用钢笔工具 和铅笔工具 ，绘制一个卡通人物，效果如图4-1所示。

知识要点： 钢笔工具；铅笔工具。

效果文件： 效果\第4章\卡通人物.ai。

图4-1　绘制卡通人物

具体操作步骤如下。

STEP 01 按【Ctrl+N】组合键，打开"新建文档"对话框，设置"宽度"和"高度"均为800 px，单击 确定 按钮，如图4-2所示。

STEP 02 选择矩形工具，在图像编辑区中沿着边框线绘制与编辑区大小相同的矩形，并设置填充颜色为"#D9E2D7"，按【Ctrl+2】组合键锁定图层，完成背景的绘制和填充，如图4-3所示。

STEP 03 接着绘制卡通人物的头发，先选择钢笔工具 ，在图像的左下角确定一点，单击鼠标，向上拖动确定第二点，按住鼠标左键不放，上下调整路径的弧度，如图4-4所示。

图4-2　新建图像文件

图4-3　绘制矩形

图4-4　绘制并调整路径

STEP 04 继续进行路径的绘制，当绘制到帽檐部分的直线时，直接单击鼠标创建直线，如图4-5所示。

STEP 05 使用相同的方法，继续绘制其他部分。将鼠标指针移动到第一个锚点上，当鼠标指针变为 时，单击鼠标闭合路径，完成绘制头发路径后的效果如图4-6所示。

STEP 06 绘制完成后，如发现头发中的路径过于生硬，可选择转换锚点工具 ，单击一个需要调整弧度的锚点，向上或是向下拖动，使其更加平滑，如图4-7所示。如锚点过多或过少，还可使用添加锚点工具 和删除锚点工具 对锚点进行添加和删减。

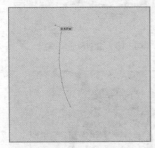 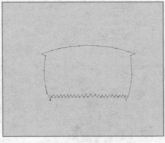 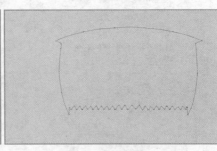

图4-5　绘制直线　　　　　图4-6　完成头发的绘制　　　　图4-7　调整头发路径

STEP 07 选择选择工具 ，选择路径，在工具箱中将"填色"设置为"#74181B"，填充头发颜色，如图4-8所示。

STEP 08 选择钢笔工具 ，在头发内侧绘制人物脸部分，并填充颜色"#FBDEB9"，完成后的效果如图4-9所示。

STEP 09 选择钢笔工具 ，在脸部的下方绘制衣服部分，并填充颜色"#EA595E"，完成后的效果如图4-10所示。

图4-8　为头发填色　　　　　图4-9　绘制人物脸部　　　　　图4-10　绘制衣服

STEP 10 使用相同的方法继续对人物的其他部分进行绘制，完成后的效果如图4-11所示。

STEP 11 选择椭圆工具 ，在帽子的上方绘制两个颜色为"#74181B"的椭圆，当作帽子上的眼睛，如图4-12所示。

STEP 12 选择钢笔工具 ，在帽子眼睛的中间绘制鼻子和嘴巴部分，完成后设置填充颜色为"#74181B"，如图4-13所示。

STEP 13 选择铅笔工具 ，沿着帽子的耳朵内侧拖动鼠标绘制耳朵形状路径，如图4-14所示。

STEP 14 使用相同的方法，在另一个耳朵内侧绘制耳朵形状路径，同时选择绘制的两个路径，并将其颜色填充为"#74181B"，如图4-15所示。

STEP 15 选择铅笔工具 ，在头发部分绘制一条条发丝的轮廓，完成后设置描边颜色为"#490917"，如图4-16所示。

图4-11 绘制其他部分

图4-12 绘制帽子的眼睛

图4-13 绘制鼻子和嘴巴

图4-14 绘制耳朵路径

图4-15 填充耳朵内侧颜色

图4-16 绘制发丝轮廓

技巧 无论是发丝还是耳朵的内侧，其样式都不是固定的，若使用钢笔工具 ✐ 进行绘制将显得过于生硬，因此这里直接使用铅笔工具 ✐ 进行绘制，让整个样式变得更加自然，从而增强人物的亲和力。

STEP 16 使用钢笔工具 ✐，绘制人物眼睛和嘴巴，并设置描边颜色为"#70161A"，"描边粗细"为5pt和3pt，完成后的效果如图4-17所示。

STEP 17 使用相同的方法，在人物的上方绘制小兔子形状，并设置外形颜色为"#FEFEFE"，其他形状颜色为"#221814"，如图4-18所示。

STEP 18 使用与前面相同的方法，选择铅笔工具 ✐，为兔子绘制牙齿和舌头，如图4-19所示。

图4-17 绘制眼睛和嘴巴

图4-18 绘制兔子

图4-19 绘制兔子的牙齿和舌头

STEP 19 继续使用钢笔工具 ✐，绘制气球和爱心，并设置气球的颜色为"#221814"，爱心的颜色为"#D9E2D7"，完成后的效果如图4-20所示。

STEP 20　选择文字工具 T ，在气球的下方输入"HELLO"文字，并设置"字体"为"Ruach LET Plain:1.0"，"字号"为80，调整文字位置，如图4-21所示。

STEP 21　选择直线段工具 ／ ，在文字的上方和下方绘制两条"描边粗细"为5pt的直线，并设置"变量宽度配置文件"为"宽度配置文件5"选项。继续使用钢笔工具 ✎ ，绘制爱心，保存图像并查看完成后的效果，如图4-22所示。

图4-20　绘制气球和爱心　　　　图4-21　输入文字　　　　图4-22　查看完成后的效果

技巧　使用钢笔工具 ✎ 绘制一条曲线后，将指针定位于路径的端点上，钢笔工具 ✎ 旁将出现一个转换点图标 ▷ ，这时单击端点锚点，可将平滑点转换为角点，然后在其他位置单击鼠标，即可在曲线路径后绘制直线路径。

4.1.2　认识路径和锚点

在Illustrator中，路径是最基本的元素，绘制图形时出现的线段即称为路径。它可以是由一系列的点与点之间的直线段、曲线段所构成矢量线条；也可以是一个完整的由多个矢量线条构成的几何图形对象。下面将对路径进行详细介绍。

● 开放路径：指路径线条的起点与终点之间没有重合，如直线、弧线和螺旋线等，如图4-23所示。可为开放路径的轮廓描边，可设置路径宽度、颜色和线条样式等，如图4-24所示。

● 闭合路径：指路径线条的起点与终点重合在一起，如矩形、圆形、多边形或五角星等，如图4-25所示。可对闭合的路径填充颜色、渐变和图案等，如图4-26所示。

图4-23　开放路径　　　图4-24　设置线型和颜色　　　图4-25　闭合路径　　　图4-26　填充样式后的效果

● 复合路径：即两个或多个开放路径和闭合路径组合成的路径，如图4-27所示。

图4-27 复合路径

路径包含了一系列的点及点之间的线段。其中，这些点用于锚定路径，所以被称为锚点，路径总是穿过锚点或在锚点开始与结束。锚点分为：平滑点、直角点、曲线角点、对称角点和复合角点，下面分别进行介绍。

● 平滑点：平滑点两侧有两条趋于直线平衡的方向线，修改一端方向点的方向对另一端方向点有影响。修改一端方向线的长度对另一端方向线没有影响，如图4-28所示。

● 直角点：直角点两侧没有控制柄和方向点，常被用于线段的直角表现上，如图4-29所示。

● 曲线角点：该角点两侧有控制柄和方向点，但两侧的控制柄与方向点是相互独立的，即单独控制其中一侧的控制柄与方向点，不会对另一侧的控制柄与方向点产生影响。

● 对称角点：该角点两侧有控制柄和方向点，但两侧的控制柄与方向点是相同的，即单独控制其中一侧的控制柄与方向点，会对另一侧的控制柄与方向点产生影响。

● 复合角点：该角点只有一侧有控制柄和方向点，常用于直线与曲线连接的位置，或直线与直线连接的位置，如图4-30所示。

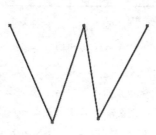

图4-28 平滑点　　　　　　　　　图4-29 直角点　　　　　　　　　图4-30 复合角点

4.1.3 添加与删除锚点

添加锚点可以增强对路径的控制，而删除不必要的锚点则可以降低路径的复杂性。但需注意的是，路径上不要添加过多的锚点，因为锚点较少的路径制作的对象会更加平滑，也易于编辑。下面将分别介绍添加与删除锚点的方法。

● 添加锚点：打开需要编辑的对象，如图4-31所示。选择【对象】/【路径】/【添加锚点】命令，或在工具箱中的钢笔工具 上按住鼠标左键不放，在弹出的工具列表中选择添加锚点工具 ，将鼠标指针移动到要添加锚点的路径上，单击鼠标即可添加一个锚点，添加的锚点呈实心状显示，如图4-32所示。

● 删除锚点：选择工具箱中的删除锚点工具 ，将鼠标指针移动到要删除的锚点上，单击鼠标即可删除该锚点，同时路径的形状也会发生相应的变化，如图4-33所示。

图4-31　原图　　　　　　　图4-32　添加锚点　　　　　　　图4-33　删除锚点

技巧 如果向直线段添加锚点，那么锚点将变成一个直角点，如果向曲线段添加锚点，那么意味着该线段至少有一个控制手柄。

4.1.4　转换锚点

转换锚点能让绘制的形状更加自然，线条更加平滑。使用转换锚点工具 可以转换路径上锚点的类型，使锚点在平滑点和角点之间相互转换。其方法为：在工具箱中的钢笔工具 上按住鼠标左键不放，在弹出的工具列表中选择转换锚点工具 ，将鼠标指针移动到要转换锚点的路径上，单击鼠标即可将锚点转换为可编辑状态，在其中进行平滑度和角点的调整，如图4-34所示。

图4-34　转换锚点

4.1.5　钢笔工具

钢笔工具 是Illustrator中最重要的绘图工具，它可以绘制直线和任意曲线路径，从而制作出各种类型的图形。但需注意的是，若想熟练使用钢笔工具 ，需要多加练习。其使用方法为：选择工具箱中的钢笔工具 ，在画板中单击鼠标确定起点，将鼠标指针移动到相应位置处，再单击鼠标确定线段的终点后，按住鼠标左键不放，进行拖动可调整绘制线段的弧度，完成各种曲线的绘制，最终实现复杂图像的绘制，图4-35所示为使用钢笔工具 绘制的卡通图像。

图4-35　使用钢笔工具绘制的卡通图像

4.1.6　铅笔工具

钢笔工具 主要用于绘制复杂的图形，对于比较随意的线条，则可使用铅笔工具 来完成，该工具的使用方式与使用真实铅笔的方式大致相同。其方法为：选择工具箱中的铅笔工具 ，在画板中单击并拖动鼠标可绘制线条，如图4-36所示。

图4-36　使用铅笔工具绘制线条

此外，如果双击铅笔工具 ，将打开"铅笔工具选项"对话框，如图4-37所示。在该对话框中可设置铅笔工具 绘图时的属性设置。

下面分别对各属性的含义和作用进行介绍。

● 容差：该选项卡中有保真度、平滑度2个选项。

● 保真度：可设置将鼠标移动多大距离才会向路径添加
　　新锚点，该值越大，路径越平滑，锚点复杂度越低；
　　反之，值越小，路径越接近鼠标运行的轨迹，但会生
　　成更多的锚点，以及更尖锐的角度。

● 平滑度：可控制使用工具时所应用的平滑量，范围从
　　0%到100%，值越大，路径越平滑；值越小，生成的
　　锚点越多，路径也更不规则。

● 选项：该选项卡中有填充新铅笔描边、保持选定、编

图4-37　"铅笔工具选项"对话框

辑所选路径3个复选项和范围调节区间。

● 填充新铅笔描边：选中该复选框可对铅笔新绘制的路径填充描边颜色。

● 保持选定：选中该复选框，当绘制完路径后，路径自动呈选中状态。

● 编辑所选路径：选中该复选框，可使用铅笔工具 ✐ 编辑所选择的路径；取消选中时，则不能编辑。

● 范围：用于设置鼠标与当前路径所保持多少距离，才能使用铅笔工具编辑路径。注意，该选项仅在选择了"编辑所选路径"复选框后才可用。

● 重置：单击该按钮，可将当前的所有设置清除，返回默认状态，然后重新设置。

🛒 **技巧** 在工具箱中按住铅笔工具 ✐ 不放，在弹出的工具列表中选择平滑工具 ✐，可使绘制的路径更平滑；选择路径橡皮擦工具 ✐，则可擦除路径。

🏁 **课堂练习**——绘制卡通人物形状

　　本练习将新建图像文件，使用钢笔工具 ✐ 绘制卡通人物形状，在绘制时需要先绘制形状再设置不同的填充颜色，最后为形状描边，完成后的效果如图4-38所示（效果所在位置：效果\第4章\课堂练习\卡通.ai）。

图4-38　卡通人物形状完成后的效果

4.2　使用画笔工具绘制图形

　　利用Illustrator CC中的画笔工具 ✐，可以创造出许多具有不同艺术效果的图形，从而可以使用户能够充分展示自己的艺术构思，表达自己的艺术思想。同时，利用画笔工具可以给路径或图形添加一些画笔内容，达到丰富路径和图形的目的。

4.2.1　课堂案例——绘制兰花图像

　　案例目标： 下面将使用画笔工具 ✐ 先绘制兰花图像，在制作时先绘制石头，再根据石头的轮廓绘制兰花图像，完成后的参考效果如图 4-39 所示。

　　知识要点： 画笔工具；钢笔工具；渐变工具。

　　素材位置： 素材\第4章\画笔.ai、兰花.ai、兰花背景.ai、书签.jpg、画框.jpg。

　　效果文件： 效果\第4章\兰花.ai、书签.ai、画框.ai。

视频教学
绘制兰花图像

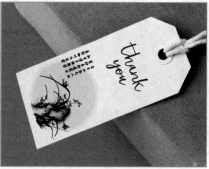

图4-39　兰花图像效果

具体操作步骤如下。

STEP 01 启动Illustrator CC，选择【文件】／【新建】命令，打开"新建文档"对话框，设置"名称"、"宽度"和"高度"分别为"兰花"、800 px、800 px，单击 确定 按钮，如图4-40所示。

STEP 02 在工具箱中的选择钢笔工具 ，在图像编辑区中绘制图4-41所示的石头封闭路径形状。

STEP 03 在工具箱中选择渐变工具 ，然后打开"渐变"面板，设置"类型"为线性，"角度"为-120°，完成后单击最左侧的滑块，如图4-42所示。

图4-40　新建图像文件　　　　图4-41　绘制封闭路径形状　　　　图4-42　设置渐变参数

STEP 04 打开"颜色设置"面板，在其中分别设置渐变的3种颜色，其参数如图4-43所示。

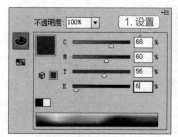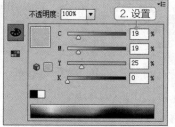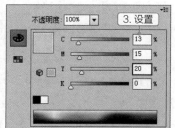

图4-43　设置渐变颜色

STEP 05 完成后返回"渐变"面板，查看设置颜色后的渐变条效果和添加渐变后的图像效果，如图4-44所示。

STEP 06 选择画笔工具 ，在工具属性栏中设置描边颜色为"#646666"，"描边大小"为0.2pt，单击"画笔定义"右侧的下拉按钮，在弹出的下拉列表中单击 按钮，在弹出的下拉菜单中选择【打开画笔库】/【矢量包】/【颓废画笔矢量包】命令，如图4-45所示。

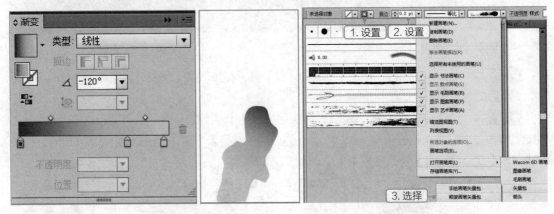

图4-44 查看设置渐变后的效果　　　　　图4-45 打开画笔库

STEP 07 打开"颓废画笔矢量包"面板，在其中选择"颓废画笔矢量包04"画笔样式，如图4-46所示。

STEP 08 在渐变的石头上方绘制石头的轮廓，完成后效果如图4-47所示。

STEP 09 在"颓废画笔矢量包"面板中选择"颓废画笔矢量包07"画笔样式，并在工具属性栏中设置"描边大小"为0.3pt，"不透明度"为40%，完成后在图像编辑区的石头上方继续绘制轮廓，完成后的效果如图4-48所示。

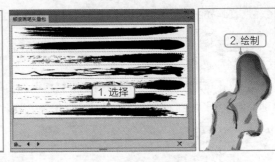

图4-46 选择画笔样式　　　图4-47 绘制轮廓　　　　图4-48 绘制透明轮廓

STEP 10 使用相同的方法，在工具属性栏中分别设置"画笔大小"为0.1pt，"不透明度"为100%，再次在石头部分绘制小线条，使石头更具有水墨感，效果如图4-49所示。

STEP 11 在工具箱中的选择钢笔工具 ，设置颜色为"#000000"，在石头的上方绘制图4-50所示的青苔形状。

STEP 12 选择绘制的形状，按【Ctrl+C】组合键复制形状，再按【Ctrl+V】组合键，对复制的形状进行粘贴，完成后设置其"不透明度"为50%，完成后的效果如图4-51所示。

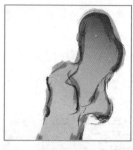

图4-49 继续绘制石头轮廓　　　图4-50 绘制青苔形状　　　　　图4-51 复制形状

STEP 13 使用相同的方法继续绘制其他形状，使其更加真实、美观，调整各个形状的不透明度，完成后的效果如图4-52所示。

STEP 14 选择画笔工具 ，在工具属性栏中设置"描边颜色"为"黑色"，"描边大小"为0.1pt，单击"画笔定义"右侧的下拉按钮，在弹出的下拉列表中单击 按钮，再在弹出的下拉菜单中选择【打开画笔库】/【其他库】命令，如图4-53所示。

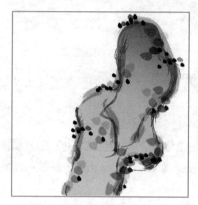

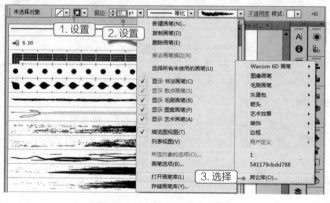

图4-52 绘制青苔形状　　　　　　　　图4-53 选择【其他库】命令

STEP 15 打开"选择要打开的库"对话框，在其中选择要打开的"画笔"选项，单击 打开(O) 按钮，如图4-54所示。

STEP 16 此时，在"颓废画笔矢量包"的右侧自动显示添加的"画笔"面板，在其中选择第3种画笔样式，并在石头上进行涂抹，添加画笔效果，完成后的效果如图4-55所示。

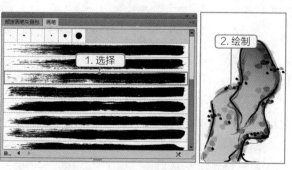

图4-54 "选择要打开的库"对话框　　　图4-55 添加画笔效果并完成石头绘制

技巧 制作水墨效果的图像时，如果只使用单一的画笔进行轮廓的绘制，将不能体现出画面的层次感，因此在制作本例时，通过不同画笔的叠加使轮廓更具有层次，使画面有水墨中的随意、自然。

STEP 17 打开"兰花.ai"图像文件，将其中的兰花和蝴蝶拖动到石头图像中，并调整图像大小和位置，完成后的效果如图4-56所示。

STEP 18 选择所有图像，在其上单击鼠标右键，在弹出的快捷菜单中选择【编组】命令，将单个图像整合为一个整体，如图4-57所示。

STEP 19 打开"兰花背景.ai"图像文件，将完成后的兰花图像拖动到背景图像中，调整图像大小和位置，并保存图像，完成后的效果如图4-58所示。

图4-56 添加素材

图4-57 编辑图像

图4-58 添加背景

STEP 20 除了单独展现外，还可将图像运用到不同的场景中，这里打开"书签.jpg"和"画框.jpg"图像，将完成后的效果图拖动到打开的图像中，调整图像大小和位置，查看运用到不同场景后的效果，如图4-59所示。

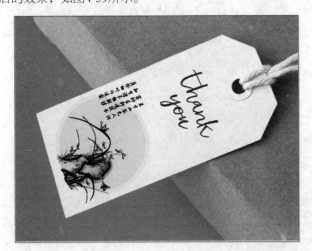

图4-59 运用到书签和画框后的效果

4.2.2 认识"画笔"面板

画笔除了可以在工具属性栏设置以外，还可在"画笔"面板中进行设置。"画笔"面板主要用于创建和管理画笔，系统为用户提供了包括散点、书法、毛刷、图案和艺术5种类型的画笔样式，综合使用这几种画笔样式可以得到千变万化的图形效果。选择【窗口】/【画笔】命令，或按【F5】键，即可打开"画笔"面板，如图4-60所示。

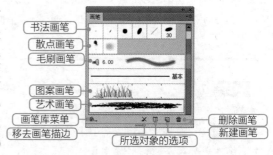

图4-60 "画笔"面板

下面分别对面板中各选项进行介绍。

- 书法画笔：可以模拟传统的毛笔创建书法效果的描边，如图4-61所示。
- 散点画笔：可以创建图案沿着笔刷路径分布的效果，如图4-62所示。
- 毛刷画笔：可创建具有自然笔触的描边，如图4-63所示。
- 图案画笔：可绘制由图案组成的笔刷路径，这种图案是沿着路径不断地重复拼贴而成，如图4-64所示。
- 艺术画笔：可以沿路径的长度均匀拉伸画笔或对象的形状，模拟水彩、炭笔或毛笔等效果，如图4-65所示。

图4-61 书法画笔　　　图4-62 散点画笔　　　图4-63 毛刷画笔　　　图4-64 图案画笔　　　图4-65 艺术画笔

- 画笔库菜单：单击"画笔库菜单"按钮 ，可在弹出的下拉列表中选择预设的画笔库。
- 移去画笔描边：选择一个已应用画笔描边的对象，再单击"移去画笔描边"按钮 ，可删除应用于对象的画笔描边。
- 所选对象的选项：单击"所选对象的选项"按钮 ，可打开"画笔选项"对话框。
- 新建画笔：单击"新建画笔"按钮 ，打开"新建画笔"对话框，在其中可选择需新建的画笔类型。如果将"画笔"面板中的一个画笔样式拖动至该按钮上，则可复制画笔。
- 删除画笔：选择"画笔"面板中的画笔样式，单击"删除画笔"按钮 ，可将其删除。

4.2.3 画笔库

除了默认的"画笔"面板提供的有限画笔样式，Illustrator CC还提供了丰富的画笔资源库以供加载。加载的方法是：在工具属性栏中单击"画笔定义"右侧的下拉按钮，在弹出的下拉列表中单击 按钮，在弹出的下拉菜单中选择【打开画笔库】命令，弹出的子菜单中显示了常见的画笔库样式；或单击"画笔"面板中的"画笔库菜单"按钮 ，在弹出的子菜单中选择所需要的画笔库名称，即可打开相应的画笔库面板，如图4-66所示。选择其中的一个画笔，如图4-67所示，即可自动加载到"画笔"面板中，如图4-68所示。

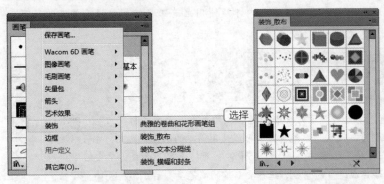

图4-66　选择画笔库

图4-67　选择画笔

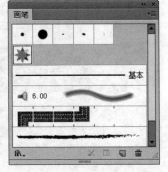

图4-68　添加画笔

4.2.4　画笔工具

在使用画笔工具绘制图形之前，首先要在"画笔"面板中选择一个合适的画笔样式，然后拖动鼠标进行绘制即可。

此外，如果双击画笔工具，将打开"画笔工具选项"对话框，如图4-69所示。在该对话框中可设置使用画笔工具绘图时的保真度、平滑度等。

下面分别对各选项的含义和作用进行介绍。

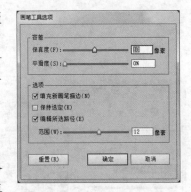

图4-69　"画笔工具选项"对话框

- 容差：该选项卡中包括保真度、平滑度2个选项。
- 保真度：用于控制必须将鼠标移动多大距离，才会在路径上添加新锚点。该值范围可介于0.5~20像素之间，值越大，路径越平滑，复杂程度越低。如保真度为2.5像素时，表示小于2.5像素的移动将不生成锚点。
- 平滑度：用于控制使用画笔工具绘制路径的平滑程度。数值越小，路径越粗糙。数值越大，路径越平滑。
- 选项：该选项卡中包括填充新画笔描边、保持选定、编辑所选路径3个复选项和范围选项。
- 填充新画笔描边：选中该复选框，可将填色应用于路径，即使是开放式路径所形成的区域也会自动填充颜色，如图4-70所示。若取消选中，则路径内部无填充，如图4-71所示。

图4-70　选中的效果

图4-71　取消选中的效果

- 保持选定：选中该复选框，路径绘制完成后仍保持被选择状态。
- 编辑所选路径：选中该复选框，可使用画笔工具 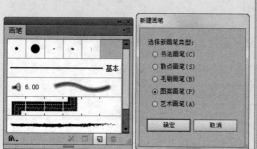 对绘制的路径使用各种工具进行编辑。
- 范围：用于控制鼠标与现有路径在多大距离之内才能使用画笔工具编辑路径。该选项只有在选中了"编辑所选路径"复选框时才可用。

疑难解答 | 怎么创建新的画笔样式？

在创建新画笔样式时，首先要选择用于定义新画笔样式的对象，否则"新建画笔"对话框中的选项将显示为灰色。若要创建"图案"画笔样式，可以使用简单的路径来定义，也可以使用"色板"面板中的"图案"来定义。其方法为：按【F5】键打开"画笔"面板，单击右下角的"新建画笔"按钮 ，打开"新建画笔"对话框，选择要新建的画笔类型后，单击 确定 按钮，打开对应的画笔选项，在"名称"文本框中可为新建的画笔命名，再单击 确定 按钮，即将选择的图案创建为新画笔，如图4-72所示。

图4-72　新建图案画笔

课堂练习 ——绘制墨竹图像效果

　　本练习将介绍运用Illustrator CC绘制国画水墨竹子，主要学习如何运用钢笔工具和画笔工具表现中国水墨画写意绘画的技巧，完成后的效果如图4-73所示（效果所在位置：效果＼第4章＼课堂练习＼墨竹.ai）。

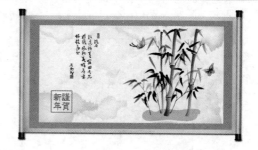

图4-73　墨竹

4.3　使用透视图工具绘制图形

钢笔工具 和画笔工具 ✏ 多用于平面设计中。如果要让绘制的图像更具有立体性，可使用透视网格工具 ▦，并根据网格的变换进行图像的绘制。下面将通过课堂案例讲解透视工具的使用方法，再对其基础知识进行分别介绍。

4.3.1　课堂案例——制作包装袋

新建图像文件，使用透视网格工具 ▦ 调整整个画面的布局，再使用矩形工具 ▢ 沿着网格绘制倾斜的矩形，使图像的效果更加立体，完成后根据矩形绘制包装袋的侧面部分，最后绘制拉绳，完成后的效果如图 4-74 所示。

知识要点： 透视网格工具；矩形工具；钢笔工具；椭圆工具。

素材位置： 素材 \ 第 4 章 \ 包装袋素材 .ai。

效果文件： 效果 \ 第 4 章 \ 包装袋 .ai。

视频教学
制作包装袋

图 4-74　包装袋效果

具体操作步骤如下。

STEP 01 启动 Illustrator CC，选择【文件】/【新建】命令，打开"新建文档"对话框，设置"名称"和"大小"分别为"包装袋"和 A4，并在取向栏中单击"横向"按钮 ▭，完成后单击 ▭ 确定 按钮，如图 4-75 所示。

STEP 02 选择矩形工具 ▢，拖动鼠标左键绘制一个与图像编辑区大小相同的矩形，再按【Ctrl+F9】组合键，打开"渐变"面板，设置"类型"为"径向"，"渐变颜色"为"C0、M0、Y0、K20"到"C76、M60、Y55、K0"渐变，如图 4-76 所示。

STEP 03 选择矩形图形，按【Ctrl+2】组合键锁定所选对象，便于后面图形的编辑。

STEP 04 在工具箱中单击透视网格工具 ▦，此时图像编辑区中将显示透视的网格效果，在右侧单击鼠标确定一点后，按住鼠标左键不放向左拖动，调整网格的位置，如图 4-77 所示。

STEP 05 使用相同的方法，继续调整透视网格的上方和下方，使其形成包装袋的效果，如图 4-78 所示。

STEP 06 在工具箱中选择矩形工具 ▢，沿着透视网格在图形左侧绘制包装袋的侧面形状，并在"渐变"面板中设置"类型"为线性，"角度"为 -100°，"渐变颜色"为 C9、M7、Y7、K0 到"C10、M8、Y7、K0"到"C20、M15、Y15、K0"渐变，如图 4-79 所示。

STEP 07 在工具箱中选择矩形工具 ▢，在矩形的下方绘制立体面形状，并填充与上一步骤相同的渐变颜色，设置"渐变角度"为 -110°，如图 4-80 所示。

STEP 08 在工具箱中选择矩形工具 ▢，在矩形的后方绘制立体背面，并设置填充色为"灰色

（C0、M0、Y0、K30）"，完成后按3次【Ctrl+[】组合键，将其置于矩形的后方，如图4-81所示。

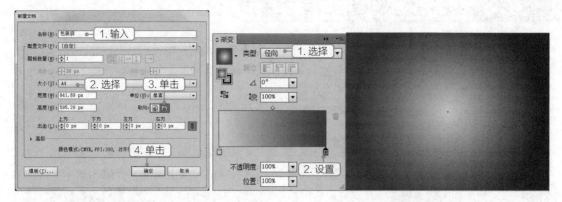

图4-75　新建文档　　　　　　　　　　　　　　图4-76　设置渐变颜色

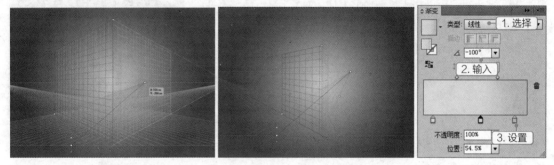

图4-77　调整右侧透视网格　　　图4-78　调整其他透视网格　　　图4-79　设置渐变颜色

STEP 09 使用钢笔工具 ![pen]，在包装袋右侧绘制侧面阴影形状，并在"渐变"面板中设置"角度"为-174.7°，"渐变颜色"为"C52、M39、Y32、K0"到"C52、M42、Y40、K0"的线性渐变，如图4-82所示。

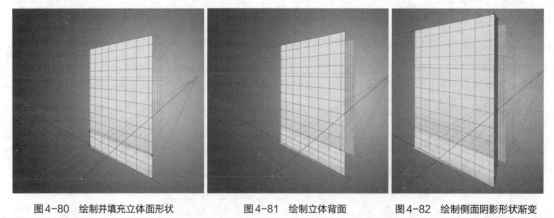

图4-80　绘制并填充立体面形状　　　图4-81　绘制立体背面　　　图4-82　绘制侧面阴影形状渐变

STEP 10 继续在右侧绘制侧面形状，并在"渐变"面板中设置"角度"为0，"渐变颜色"为"C58、M44、Y36、K0"到"C13、M10、Y8、K0"的线性渐变，如图4-83所示。

STEP 11 继续在底部绘制侧面形状，并在"渐变"面板中设置"角度"为-90°，"渐变颜色"为"C56、M43、Y35、K0"到"C15、M11、Y9、K0"的线性渐变，如图4-84所示。

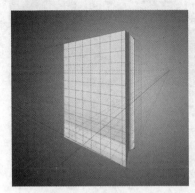

图4-83 绘制右侧形状渐变

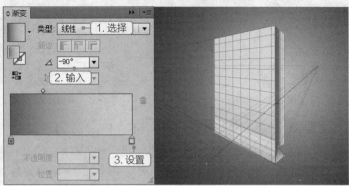

图4-84 绘制底部侧面渐变

STEP 12 继续在右侧绘制侧面形状，并在"渐变"面板中设置"角度"为30°，"渐变颜色"为"C58、M44、Y36、K0"到"C13、M10、Y8、K0"的线性渐变，如图4-85所示。

STEP 13 选择椭圆工具 ○，在包装袋上绘制一个椭圆图形，作为绳孔，如图4-86所示。

STEP 14 保持椭圆形的选中状态，在"渐变"面板中设置"角度"为180°，"长宽比"为106%，"渐变颜色"为"C92、M87、Y88、K80"到"C13、M10、Y8、K0"到"C78、M72、Y70、K42"的径向渐变，如图4-87所示。

STEP 15 选择整个纸盒，按【Ctrl+G】组合键将其编组。

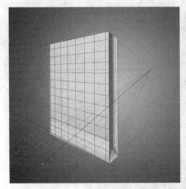

图4-85 绘制右侧渐变

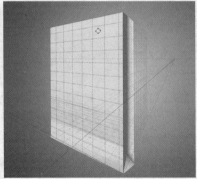

图4-86 绘制绳孔

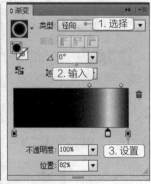

图4-87 设置渐变参数

STEP 16 继续使用椭圆工具 ○ 在绳孔上绘制一个椭圆，并填充颜色为"#000000"，如图4-88所示。

STEP 17 选择黑色椭圆，再选择【效果】/【风格化】/【外发光】命令，打开"外发光"对话框，选中"预览"复选框，设置"模式"、"不透明度"、"模糊"和"颜色"分别为"正常"、75%、0.1px和"#323232"，如图4-89所示。

STEP 18 查看设置外发光后的效果，然后使用相同的方法在包装袋左侧绘制一个绳孔，如图4-90所示。

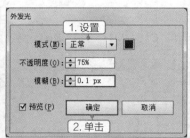

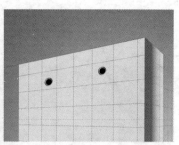

图4-88 绘制椭圆   图4-89 设置外发光   图4-90 绘制另一个绳孔

STEP 19 选择两个绳孔，按【Ctrl+G】组合键将其编组，使用钢笔工具 在绳孔之间绘制两根线条，作为包装袋的提绳，并填充颜色为"#1A827D"，如图4-91所示。

STEP 20 使用钢笔工具 在绳线左侧绘制两条阴影线条，并填充颜色为"#10494F"，使绳线具有立体感，如图4-92所示。

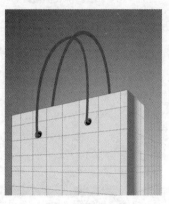

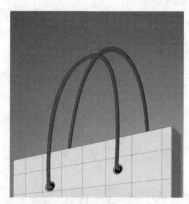

图4-91 绘制提绳   图4-92 绘制提绳阴影

STEP 21 使用相同的方法绘制两条高光线条，填充颜色为"#B6CEC7"，得到立体线条，效果如图4-93所示。

STEP 22 使用钢笔工具 在包装袋的侧面顶端绘制三角形的棱角，使包装袋显示出折痕，并在"渐变"面板中设置"角度"为0°，"渐变颜色"为"C58、M44、Y36、K0"到"C13、M10、Y8、K0"的线性渐变，如图4-94所示。

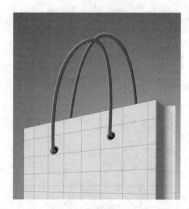

图4-93 绘制提绳高光   图4-94 绘制棱角

STEP (23) 打开"包装袋素材.ai"图像文件，将其中的文字和树叶形状拖动到图像中，调整位置和大小，完成后的效果如图4-95所示。

STEP (24) 选择所有的图像，在其上单击鼠标右键，在弹出的快捷菜单中选择【编组】命令，将所有对象群组，如图4-96所示。

STEP (25) 选择绘制好的包装袋，将其向右拖动，为制作下一个包装袋做准备。选择【视图】/【透视网格】/【两点透视】命令，重新添加透视效果，在工具箱中单击透视网格工具 ，此时，图像编辑区中将显示透视的网格效果，在右侧单击鼠标确定一点后，按住鼠标左键不放向左拖动，调整网格的位置，如图4-97所示。

STEP (26) 在工具箱中选择矩形工具 ，沿着透视网格在图形左侧绘制另一个包装袋的侧面形状，并打开"渐变"面板，设置"角度"为-100°，"渐变颜色"为"C70、M14、Y43、K0"到"C76、M23、Y50、K0"到"C80、M30、Y52、K10"的线性渐变，如图4-98所示。

图4-95　添加素材

图4-96　对图像编组

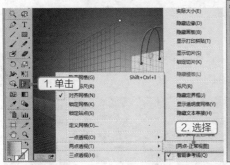

图4-97　选择【两点透视】命令

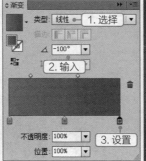

图4-98　设置渐变参数

STEP (27) 在下方继续绘制一个矩形，填充与上一步相同的线性渐变颜色，效果如图4-99所示。

STEP (28) 使用钢笔工具 在包装袋左则绘制几个块面图形，并分别填充颜色为"#0D443E""#105751""#0C514A""#29605B"，得到包装袋的立体效果，如图4-100所示。

STEP (29) 使用钢笔工具 在包装袋上绘制内侧图形，打开"渐变"面板，设置"渐变颜色"为白色到灰色（K60）的线性渐变，如图4-101所示。

图4-99　绘制相同渐变参数的矩形　　　图4-100　绘制包装袋立体效果　　　图4-101　设置内侧图形渐变参数

STEP 30 查看添加渐变后的效果。然后使用与前面相同的方法为左侧的包装袋绘制绳孔和提绳，效果如图4-102所示。

图4-102　绘制绳孔和提绳

STEP 31 打开"包装袋素材.ai"图像文件，将其中属于绿色包装袋的文字和树叶形状拖动到图像中，调整位置和大小，完成后的效果如图4-103所示。

STEP 32 将绿色包装袋编组，并调整包装袋位置。然后选择【视图】/【透视网格】/【隐藏网格】命令，隐藏网格。保存图像并查看完成后的效果，如图4-104所示。

图4-103　添加素材　　　　　　　　　　图4-104　调整位置后的效果

4.3.2　透视网格

在 Illustrator中，使用透视网格工具█不但能绘制具有三维效果的立体图形，还能绘制带有透视效果的图像。在透视网格中，选择【视图】/【透视网格】命令，弹出的子菜单中显示了常用的透视网格命令，主要包括显示网格、显示标尺、对齐网格、锁定网格、锁定站点、定义网格6个命令，下面分别进行介绍。

- 显示网格：显示网格主要对隐藏后的网格进行显示。其方法为：选择【视图】/【透视网格】/【显示网格】命令，或是按【Ctrl+Shift+I】组合键，可将隐藏的网格显示出来。同理，若需要隐藏网格，可直接使用和显示网格相同的方法进行隐藏。

- 显示标尺：显示标尺后，可通过显示的标尺对图形进行测量调整。其方法为：选择【视图】/【透视网格】/【显示标尺】命令，网格中间将显示尺寸内容，在图像编辑区中拖动下方中间的圆点，向上或是向下拖动，即可调整网格的尺寸，如图4-105所示。

- 对齐网格：主要用于将图形与网格对齐，使展现的图像更加美观。其方法为：选择【视图】/【透视网格】/【对齐网格】命令，再次绘制图形，可发现绘制的图形与网格对齐。

- 锁定网格：锁定网格后，网格将不可操作，只能以固定的样式显示。其方法为：选择【视图】/【透视网格】/【固定网格】命令，此时图像编辑区中，调整点将消失，无法再进行调整，若需要调整则需要解除锁定，如图4-106所示。

- 锁定站点：锁定站点主要用于固定下方的站点，当需要调整网格时，将只能调整左右两侧的消失点，而中间的中垂线将不能进行调整。其方法为：【视图】/【透视网格】/【锁定站点】命令，即可对左右两侧进行调整，如图4-107所示。

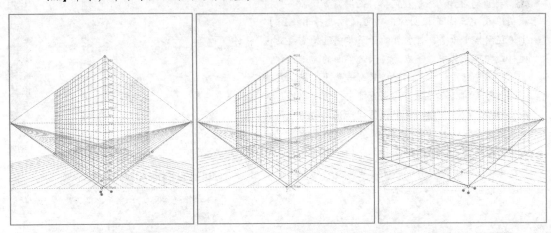

图4-105　显示标尺　　　　　图4-106　锁定网格　　　　　图4-107　锁定站点

- 定义网格：定义网格可对网格样式进行设置，包括类型、单位、缩放、网格线间隔、视角、视距、水平高度、网格颜色和不透明度等。其方法为：选择【视图】/【透视网格】/【定义网格】命令，打开"定义透视网格"对话框，在其中可进行网格的设置，完成后单击 确定 按钮，图4-108所示即为定义网格后的前后显示效果。

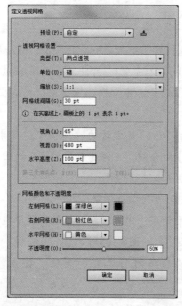
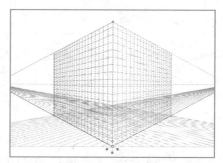
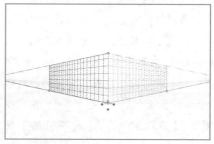

图4-108 定义网格

疑难解答 ｜ 除了两点透视外，还有其他透视方法吗？

透视主要分为一点透视、两点透视和三点透视3种，如图4-109所示。其中在工具箱中选择透视网格工具 ，将自动添加两点透视网格，而若需要绘制一点透视图像或是三点透视图像，则可通过选择【视图】/【透视网格】命令，在打开的子菜单中选择需要的透视样式即可。其中，一点透视只是单面的递进透视，也称为"平行透视"，该透视只有一个消失点，其绘制的面沿着消失点延伸；两点透视中，除了垂线，其余的都是斜线，并分别交汇在了视平线上的两个消失点上，其绘制的面沿着两个消失点延伸；三点透视一般用于俯瞰图或仰视图的绘制，包括3个消失点，第3个消失点必须在和画面保持垂直的主视线上，必须使其和视角的二等分线保持一致。

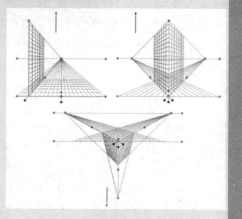

图4-109 透视网格的3种视图模式

4.3.3 透视选区工具

使用透视选区工具 可快速调整透视网格中图像的大小和位置，使用该工具不但能等比例调整图像大小，还能快速对图形进行调整。其方法为：按住透视网格工具 ，在弹出的工具列表中选择透视选区工具 ，此时鼠标将变为 形状，在需要调整的图形端点处拖动即可快速调整图形的大小和位置，如图4-110所示。

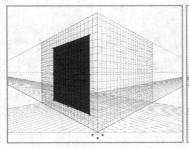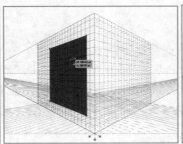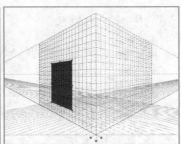

图4-110　使用透视选区工具调整图形

🏁 **课堂练习** ——制作海报

　　本练习将介绍运用Illustrator CC绘制海报，主要学习如何运用钢笔工具、矩形工具、透视网格工具制作海报。在制作时先使用透视网格工具打开两点透视，再使用矩形工具绘制矩形，并填充不同的颜色，最后输入文字，完成后的效果如图4-111所示（效果所在位置：效果\第4章\课堂练习\海报.ai）。

图4-111　海报

4.4　使用符号工具绘制图形

　　在Illustrator CC中，除了可以使用钢笔工具 和画笔工具 绘制图形外，还可利用符号喷枪工具 ，使用保存在"符号"面板中的图形对象进行绘制和美化。这些图形对象可以在当前的文件中多次运用，而且不会增加文件的大小。在符号工具的运用中，主要包含"符号"面板的使用和符号喷枪工具 的运用。下面将先通过课堂案例讲解符号工具的使用方法，再对其基础知识进行讲解。

4.4.1　课堂案例——绘制秋天插画

　　案例目标： 新建图像文件，先使用钢笔工具 绘制土地形状，再使用椭圆工具 绘制渐变圆，完成后绘制树形状，最后使用符号喷枪工具 喷色枫叶效果，完成后的效果如图4-112所示。

　　知识要点： 椭圆工具；钢笔工具；符号喷枪工具；"符号"面板。

　　效果文件： 效果\第4章\秋天插画.ai。

视频教学
绘制秋天插画

图4-112　绘制秋天插画

具体操作步骤如下。

STEP 01 启动Illustrator CC，选择【文件】/【新建】命令，打开"新建文档"对话框，设置"名称"和"大小"分别为"秋天插画"和A4，完成后单击 ▭确定▭ 按钮，如图4-113所示。

STEP 02 使用钢笔工具 ⟋ 绘制土地的形状，并设置填充色为"#956134"，如图4-114所示。

STEP 03 再使用相同的方法绘制草皮，并设置填充色为"#8FC31E"，如图4-115所示。

图4-113　新建文档

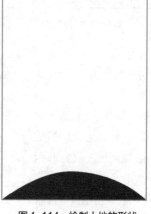

图4-114　绘制土地的形状

图4-115　绘制草皮

STEP 04 使用钢笔工具 ⟋ 绘制出树干的形状，并设置填充色为"#050000"，如图4-116所示。

STEP 05 选择椭圆工具 ◯，在图像的中间部分，绘制一个145mm×145mm的正圆形，再按【Ctrl+F9】组合键打开"渐变"面板，设置渐变颜色为"C0、M85、Y95、K0"到"C0、M55、Y90、K0"的径向渐变，并放置到树干的后面，如图4-117所示。

图4-116　绘制树干

图4-117　绘制圆并设置渐变颜色

STEP 06 选择【窗口】/【符号】命令，或按【Shift+Ctrl+F11】组合键，打开"符号"面板，单击右上角的 ▤ 按钮，在弹出的下拉菜单中选择【打开符号库】/【自然】命令，如图4-118所示。

STEP 07 打开"自然"面板，选择"枫叶"符号，如图4-119所示。

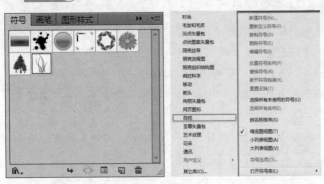

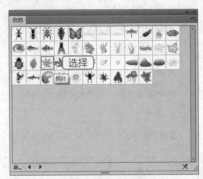

图4-118　打开符号库　　　　　　　　　　图4-119　选择符号

STEP 08 双击符号喷枪工具，打开"符号工具选项"对话框，分别设置"直径"、"强度"和"符号组密度"分别为7px、5和3，完成后单击 确定 按钮，如图4-120所示。

STEP 09 使用符号喷枪工具在树枝上按住鼠标左键不放并拖动，在树干上方绘制出树叶，如图4-121所示。

STEP 10 在"自然"面板中选择"云彩2"符号，然后使用符号喷枪工具在树枝上方的空白处按住鼠标左键并拖动绘制出云朵。

STEP 11 保存图像，查看完成后的图像效果，如图4-122所示。

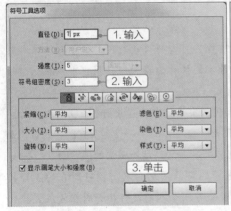

图4-120　设置符号工具选项参数　　　图4-121　绘制树叶　　　图4-122　绘制云朵

4.4.2　认识"符号"面板

"符号"面板是使用符号来制作图像的常用面板，选择【窗口】/【符号】命令或按【Shift+Ctrl+F11】组合键，即可打开"符号"面板，图4-123所示的是完全展开的"符号"面板。

下面分别对"符号"面板中各选项的含义进行介绍。

●符号库菜单：单击"符号库菜单"按钮，可在打开的下拉菜单中选择一个预设的符号库。

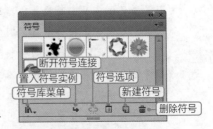

图4-123　"符号"面板

- 置入符号实例：选择面板中的一个符号，再单击"置入符号实例"按钮 ，可以将其置入图像编辑区中。

- 断开符号连接：选择图像编辑区中一个被置入的符号，单击"断开符号连接"按钮 ，可以断开它与面板中符号样本的连接，该符号实例就成为可单独编辑的对象。

- 符号选项：单击"符号选项"按钮 ，可打开"符号选项"对话框。

- 新建符号：选择图像编辑区中的一个或多个对象，单击"新建符号"按钮 ，可将其定义为符号。

- 删除符号：选择图像编辑区中的样本符号，单击"删除符号"按钮 ，可将其删除。

4.4.3 创建新符号

如果用户不喜欢"符号"面板中默认的符号图形，还可以将自己喜欢的图形创建为符号，以方便随时调用。其方法为：使用选择工具 选择需要创建的图形，打开"符号"面板，将其拖动至"符号"面板中，此时将打开"符号选项"对话框，在"名称"文本框中输入符号的名称，单击 确定 按钮即可。

4.4.4 符号工具组

当选择好符号后，还需要使用符号工具组中的工具将选择的符号绘制到图像中，Illustrator CC的工具箱中包含8种符号工具，分别是符号喷枪工具 、符号位移器工具 、符号紧缩器工具 、符号缩放器工具 、符号旋转器工具 、符号着色器工具 、符号滤色器工具 和符号样式器工具 ，下面分别介绍其使用方法。

- 符号喷枪工具：符号喷枪工具 就像是一个粉雾喷枪，可以将大量相同的符号对象添加到图像编辑区中。使用符号喷枪工具 创建的一组符号实例被称为符号组，用户可以在一个符号组中添加不同的符号，创建符号混合实例。

- 符号移位器工具：符号移位器工具 可以在图像编辑区中将选中的符号图形应用移动操作。使用该工具时，按住【Shift】键后再单击某一个符号图形，就可以将其移动到所有图形的最前面。按住【Shift+Alt】组合键再单击某一个符号图形，可以将其移动到所有图形的最后面。

- 符号紧缩器工具：符号紧缩器工具 可以将所选择的符号图形向鼠标指针所在的点聚集缩紧。使用该工具时，如果先按住【Alt】键，则可使符号图形远离鼠标指针所在的位置。

- 符号缩放器工具：符号缩放器工具 可以调整符号的大小。直接在选择的符号图形上单击，可放大图形。如果先按住【Alt】键，再单击选择的符号图形，可缩小图形。

- 符号旋转器工具：符号旋转器工具 可以对所选择的符号图形进行旋转操作。

- 符号着色器工具：符号着色器工具 可以用前景色修改所选符号图形的颜色，且可持续修改颜色，在符号上按住鼠标的时间越长（单击鼠标次数越多），注入的颜色就越深。如果位于两个符号之间，将获得两种颜色混合的效果。

- 符号滤色器工具：符号滤色器工具 可以更改符号的透明度。使用该工具时，将鼠标指针放置在符号图形上，按住鼠标左键停留的时间越长，则符号图形越透明。如果同时按住【Alt】键，可以恢复符号图形的透明度。

- 符号样式器工具：使用符号样式器工具 可以对所选符号图形应用"样式"面板中所选择的

样式。使用该工具时，如按住【Alt】键，可取消符号图形应用的样式。

本练习将使用Illustrator CC绘制海洋插画，主
要学习如何运用钢笔工具 、符号工具制作海洋插
画效果，在制作时先创建带有渐变效果的背景，再
绘制珊瑚效果，最后打开"符号"面板，在其中添
加各种海洋生物、水草、石头等素材，完成后的效
果如图4-124所示（效果所在位置：效果\第4章\
课堂练习\海洋插画.ai）。

图4-124　海洋插画

4.5　上机实训——制作"春天里"效果

4.5.1　实训要求

在日常生活中海报、书籍、绘本、广告都需要用到插画，本实训将制作春天里书籍插画，在其
中展现春天的乡村。

4.5.2　实训分析

因为是乡村插画，在制作时要先制作山岭、树木效果，并添
加白云、石头、麻雀等素材，完成后还需要添加房屋、小路等效
果，使整个场景更加完整，本实训的参考效果如
图4-125所示。

素材所在位置： 素材\第4章\春天里素材.ai。
效果所在位置： 效果\第4章\春天里.ai。

视频教学
制作"春天里"
效果

图4-125　春天里效果

4.5.3　操作思路

本实训主要包括绘制山岭、绘制树木、添加素材、添加房屋和绘制小路5大步操作，操作思路
如图4-126所示。涉及的知识点主要包括钢笔工具、画笔工具、"符号"面板等。

图4-126　操作思路

【步骤提示】

STEP 01 新建文档，选择矩形工具 ⬜ 绘制一个与画板相同大小的正方形，并填充"#FCF7D5"颜色作为背景。选择钢笔工具 ✏️，绘制山丘效果，山丘的颜色分别为"#A9D497""#89BE72""#C9E1BA"。

STEP 02 选择椭圆工具 ⬭，制作椭圆，并填充为"#628D4B"颜色，然后选择钢笔工具 ✏️ 在圆的下方绘制树干，并设置树干颜色为"#534638"。使用相同的方法绘制其他树木，使树木效果铺满整个页面。

STEP 03 打开"春天里素材.ai"图像文件，将其中的素材依次拖动到适当位置。

STEP 04 打开"符号"面板，在其中添加"原始"和"自然"效果，并将其中的棚屋和石头拖动到图像中，调整大小和位置，完成后更改棚屋的整体颜色，使其与画面融合。

STEP 05 选择画笔工具 ✏️ 绘制小路效果，并设置小路的颜色为"#472A12"，完成后在其上方绘制石头，并设置石头颜色为"#A8A29F"，完成后保存图像。

4.6 课后练习

1. 练习1——制作中秋卡通效果

本练习将先制作背景效果，并添加白兔素材，完成后将其置入圆中，并添加梅花素材，最后输入文字即可，完成的效果如图4-127所示。

素材所在位置： 素材 \ 第4章 \ 课后练习 \ 中秋卡通素材.ai。

效果所在位置： 效果 \ 第4章 \ 课后练习 \ 中秋卡通.ai。

2. 练习2——绘制小鸟

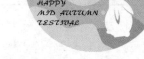

图4-127　中秋卡通

本练习使用钢笔工具 ✏️ 绘制小鸟的大致轮廓，再使用钢笔工具 ✏️ 对轮廓进行绘制，使用铅笔工具 ✏️ 对小绒毛进行绘制，最后对细节部分进行色彩调整，完成后的参考效果如图4-128所示。

效果所在位置： 效果 \ 第4章 \ 课后练习 \ 小鸟.ai。

图4-128　小鸟

第5章

图形的高级编辑

Illustrator具有变换任何对象的功能，除了一些基本的变形功能外，还可以通过特殊的变形功能来编辑对象。本章除了讲解常用的变形功能，还讲解了封套扭曲、图像混合等知识，通过这些功能可以制作复杂的图形，创造出不同形状，以达到美化图形、丰富造型的效果。

📡 课堂学习目标

- 掌握形状工具的操作方法
- 掌握混合对象的操作方法
- 掌握封套扭曲的操作方法
- 使用路径查找器编辑图形

▶ 课堂案例展示

热带鱼

直通车广告

春天文字

5.1 运用变形工具编辑图形

Illustrator CC中有一组可以对对象进行变形操作的工具，它被称为变形工具组，该工具组中包括宽度工具、变形工具、旋转扭曲工具、扇贝工具、晶格化工具和褶皱工具，这些工具被赋予了使图形自由变形的能力。下面先通过绘制卡通热带鱼的案例讲解变形工具的使用方法，再通过知识点的单个讲解，详细介绍每个变形工具的使用方法。

5.1.1 课堂案例——绘制热带鱼

案例目标：通过线条绘制出鱼身造型，再使用"路径查找器"对图形进行造型，效果如图5-1所示。

知识要点：宽度工具；椭圆工具；"路径查找器"面板；颜色控制组件。

素材位置：素材 \ 第5章 \ 圆点背景.ai。

效果文件：效果 \ 第5章 \ 热带鱼.ai。

视频教学
绘制热带鱼

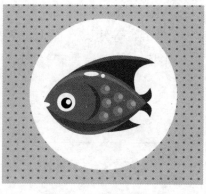

图5-1 完成后的参考效果

具体操作步骤如下。

STEP 01 启动Illustrator CC，选择直线段工具 ，在工具属性栏中单击轮廓线颜色图标，在打开的面板中选择洋红色"#E4007F"，如图5-2所示。

STEP 02 按住【Shift】键，在画面中按住鼠标左键拖动，释放鼠标即可绘制一条水平直线，如图5-3所示。

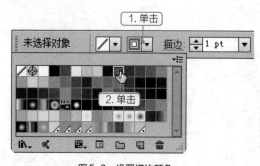

图5-2 设置描边颜色

图5-3 绘制直线

STEP 03 选择宽度工具 ，将鼠标指针移动到直线左侧，选择一个点，按住鼠标左键不放向外拖动，即可得到扩展直线的变形效果，如图5-4所示。

STEP 04 拖动到适当的位置后，松开鼠标左键，即可得到一个填充颜色的图形，如图5-5所示。

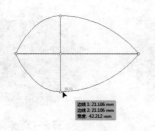

图5-4　拖动鼠标扩展直线

图5-5　得到图形

STEP 05 选择【对象】/【扩展外观】命令，将其转换为普通图形，使用选择工具 单击图形，拖动变换框右侧中间的节点，适当收缩图形，如图5-6所示。

STEP 06 使用椭圆工具 在尖角图形左侧绘制一个较小的椭圆图形，如图5-7所示。

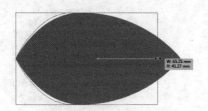

图5-6　收缩图形

图5-7　绘制椭圆图形

提示 在Illustrator中，宽度工具只针对路径线条图形才能起到编辑的作用，对于填充后的普通图形，不能做任何编辑。

STEP 07 选择【窗口】/【路径查找器】命令，打开"路径查找器"面板，选择绘制的两个图形，单击面板中的"减去顶层"按钮 ，即可得到一个缺口图形，如图5-8所示。

STEP 08 选择绘制的图形，复制一次对象到另一侧。按住【Alt】键向上复制并移动对象，适当放大图形，如图5-9所示。这里为了便于查看效果，特意将复制的对象转换为轮廓线效果。

图5-8　修剪图形

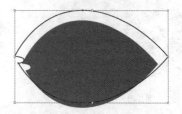

图5-9　复制并移动对象

STEP 09 选择绘制的两个鱼身图形，在"路径查找器"面板中单击"减去顶层"按钮 ，得到一个月牙图形，将其填充为较淡一些的洋红色"#E371A8"，如图5-10所示。

STEP 10 将修剪后的图形放到鱼身图形底部，如图5-11所示，再通过同样的方式，复制并修剪图形，得到第二层阴影图形和鱼身上方的反光图形。将阴影图形填充为较深一些的洋红色"#A5195F"、反光图形填充为粉红色"#EA97BE"，效果如图5-12所示。

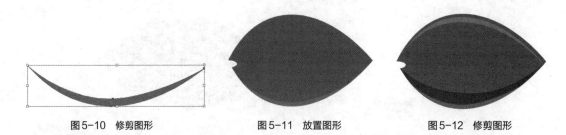

图5-10 修剪图形　　　　　　图5-11 放置图形　　　　　　图5-12 修剪图形

STEP 11 选择椭圆工具 ，绘制一大一小两个圆形，如图5-13所示；选择两个圆形，在"路径查找器"面板中单击"减去顶层"按钮 ，得到一个月牙图形，如图5-14所示。

STEP 12 双击工具箱底部的"填充"图标，在打开的对话框中设置颜色为洋红色"＃C81771"，填充图形后，将其放到鱼身图形中，如图5-15所示。

图5-13 绘制圆形　　　　　　图5-14 修剪图形　　　　　图5-15 填充并调整图形位置

STEP 13 选择椭圆工具 ，按住【Shift】键绘制3个不同大小的正圆形，分别填充为黑色和白色，将其层叠排列，放到鱼头中，得到鱼眼图形，如图5-16所示。

STEP 14 再绘制两个不同大小的正圆形，将其层叠排列，填充较大圆形为粉红色"＃EA97BE"、较小圆形为淡红色"＃F5CCDF"，得到鳞片图形，如图5-17所示。

STEP 15 选择步骤14中的两个圆形，按【Ctrl+G】组合键将其编组，然后按住【Alt】键复制多个鳞片图形，参照图5-18所示的方式排列。

图5-16 绘制鱼眼　　　　　　图5-17 绘制鳞片　　　　　　图5-18 复制图形

STEP 16 选择钢笔工具 ，设置填充色为紫色"＃973B85"，描边为无，在画面中绘制一个三角形，如图5-19所示。

STEP 17 在工具箱中双击变形工具 ，打开"变形工具选项"对话框，设置画笔"宽度"为40pt、"高度"为30pt、"角度"为30°、"强度"为100％，如图5-20所示。

STEP 18 在三角形右边外侧按住鼠标左键向内拖动，对图形进行变形操作，如图5-21所示。

图5-19 绘制三角形　　　　图5-20 设置变形工具参数　　　　　图5-21 为图形变形

STEP 19 选择钢笔工具，对三角形另外两个边做适当的编辑，得到图5-22所示的图形。

STEP 20 复制两次对象，将对象调整为无填充、线框模式，如图5-23所示。选择上面一个实心图形和线框图形，在"路径查找器"面板中单击"减去顶层"按钮，得到一个月牙图形，将其填充为粉紫色"#EA97BE"，如图5-24所示。

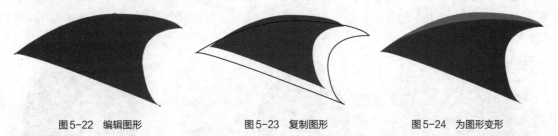

图5-22 编辑图形　　　　　　图5-23 复制图形　　　　　　图5-24 为图形变形

STEP 21 选择钢笔工具，绘制金鱼的另一个鱼翅，将其填充为紫色"#973B85"，如图5-25所示。

STEP 22 继续使用钢笔工具，绘制热带鱼的鱼尾图形，将其填充为紫色"#973B85"，如图5-26所示。

STEP 23 选择绘制的鱼翅和鱼尾图形，选择【对象】/【排列】/【置于底层】命令，然后将这三个图形分别放到鱼身周围，将其填充为紫色"#973B85"，如图5-27所示。

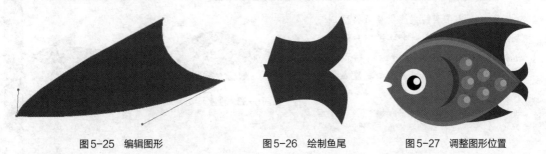

图5-25 编辑图形　　　　　　图5-26 绘制鱼尾　　　　　图5-27 调整图形位置

STEP 24 选择椭圆工具，在鱼身上方绘制两个圆形，填充为白色，如图5-28所示。

STEP 25 打开"圆点背景.ai"素材图像，使用选择工具将背景图形拖动到金鱼图形画布中，放置到金鱼图形底层，如图5-29所示。

图5-28　绘制白色圆形

图5-29　添加背景图案

5.1.2　宽度工具

使用宽度工具可以改变路径描边，将其变宽，产生丰富多彩的形状效果。当创建可变宽笔触后，还可以将其保存为可应用其他笔触的配置文件。

选择需要调整的对象，单击工具箱中的宽度工具，双击图形中的路径，打开"宽度点数编辑"对话框，在其中可以调整"边线""总宽度"等具体参数，如图5-30所示；在路径中直接按住鼠标左键拖动，如图5-31所示，即可手动调整笔触宽度、移动宽度点数、复制宽度点数等，如图5-32所示。

图5-30　"宽度点数编辑"对话框

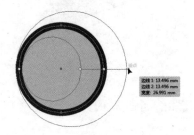

图5-31　拖动鼠标

图5-32　改变路径宽度效果

疑难解答　怎样调整路径上的宽度变量连续点和非连续点？

宽度工具在调整宽度变量时将区别连续点和非连续点。在一个路径中分别创建两个连续的宽度点，如图5-33所示，然后将一个宽度点拖动到另一个宽度点上，即可为该路径创建一个非连续宽度点，如图5-34所示。

图5-33　创建连续点

图5-34　创建非连续点

5.1.3　变形工具

变形工具可以随鼠标指针的移动塑造对象的形状，创建出比较随意的变形效果。其使用方法是：选择对象，选择变形工具或按【Shift＋R】组合键，在对象上需要变形的区域单击并拖动鼠标即可。图5-35所示为选择对象；图5-36所示为使用变形工具变形后的效果。

图5-35 选择对象   图5-36 对象变形效果

双击变形工具 ，打开"变形工具选项"对话框，在其中可以设置画笔尺寸和压感笔等参数，如图5-37所示。

下面对"变形工具选项"对话框各选项的含义分别进行介绍。

- 全局画笔尺寸：该选项卡包括宽度、高度、角度、强度4个选项。
- 宽度和高度：用于设置使用变形工具时画笔的大小。
- 角度：用于设置使用变形工具时画笔的方向。
- 强度：用于指定扭曲的改变速度。该值越大，对象扭曲的速度越快。
- 使用压感笔：当电脑中安装了数位板或压感笔时，该复选框呈可用状态。选中该复选框，可通过压感笔的压力控制扭曲的强度。
- 变型选项：该选项卡包括细节、简化2个选项。
- 细节：选中该复选框，可以指定引入对象轮廓各点间的间距，值越大间距越小。

图5-37 "变形工具选项"对话框

- 简化：选中该复选框，可以指定减少多余锚点的数量，但不会影响形状的整体外观。该选项用于变形、旋转扭曲、缩拢和膨胀工具。
- 显示画笔大小：选中该复选框，可在图像窗口中显示画笔的形状和大小。
- 重置：单击该按钮，可以将对话框中的参数恢复为Illustrator默认值状态。

5.1.4 旋转扭曲工具

旋转扭曲工具 可以使图形产生漩涡状变形效果。双击旋转扭曲工具 ，可打开"旋转扭曲工具选项"对话框，其中各参数与"变形工具选项"对话框相似，这里不再赘述。

若要创建旋转扭曲效果，首先要选择需进行旋转扭曲的图形对象，如图5-38所示。然后在工具箱中选择旋转扭曲工具 ，将鼠标指针放到对象的锚点上，按住鼠标左键拖动即可进行扭曲变形，如图5-39所示。

图5-38 选择对象   图5-39 对象变形效果

5.1.5 缩拢工具

缩拢工具█可以通过向十字线方向移动控制点的方式收缩对象，使图形产生向内收缩的变形效果。双击缩拢工具█，可打开"缩拢工具选项"对话框，其选项含义与"变形工具"相似。若要创建收缩效果，首先需选择要进行缩拢变形的图形对象，如图5-40所示。然后在工具箱中选择缩拢工具█，在对象上单击鼠标或按住鼠标左键拖动即可进行收缩变形，如图5-41所示。

5.1.6 膨胀工具

膨胀工具█的使用方法与缩拢工具█相似，可通过向十字线方向移动控制点的方式扩展对象，创建与缩拢工具相反的变形效果，图5-42所示为使用膨胀工具对瓶身进行膨胀处理的效果。

图5-40 选择图形

图5-41 缩拢图形效果

图5-42 膨胀图形效果

技巧 在使用变形工具组中的工具编辑对象时，按住【Alt】键的同时按住鼠标左键拖动，即可调整画笔的大小。

5.1.7 扇贝工具

扇贝工具█可以对对象的轮廓创建随机弯曲的弓形纹理效果，使对象产生类似贝壳般起伏的效果。首先选择需要进行变形的图形对象，如图5-43所示，选择扇贝工具█，在图形中单击并按住鼠标左键，这时相应的图形即可发生扇贝效果的变化，按住的时间越长，扇贝效果的程度越大，如图5-44所示。双击工具箱中的扇贝工具█可以打开"扇贝工具选项"对话框，在其中可以根据需要进行相应的设置，如图5-45所示。

图5-43 选择图形

图5-44 扇贝图形效果

图5-45 "扇贝工具选项"对话框

下面对"扇贝工具选项"对话框各选项的含义进行介绍。

●全局画笔尺寸：该选项卡包括宽度、高度、角度、强度4个选项。

●宽度和高度：用于设置使用扇贝工具时画笔的大小。

●角度：用于设置使用变形工具时画笔的方向。

●强度：用于指定扭曲的改变速度。该值越大，扭曲对象的速度越快。

●扇贝选项：该选项卡包括复杂性、细节、画笔影响锚点、画笔影响内切线手柄和画笔影响外切线手柄5个选项。

●复杂性：控制变形的复杂程度。

●细节：选中该复选框，可以控制变形的细节程度。

●画笔影响锚点：选中该复选框，画笔的大小会影响锚点。

●画笔影响内切线手柄：选中该复选框，画笔会影响对象的内切线。

●画笔影响外切线手柄：选中该复选框，画笔会影响对象的外切线。

5.1.8 晶格化工具

晶格化工具  可以对对象的轮廓创建随机的弓形和锥化的细节，使对象表面产生尖锐凸起的效果。该工具与扇贝工具得到的效果相反。使用该工具时，可不选择对象，只需在需晶格化的对象上单击或单击并拖动鼠标即可。图5-46所示为原图，图5-47所示为使用晶格化工具变形后的效果。

图5-46 原图形

图5-47 晶格化图形效果

5.1.9 褶皱工具

褶皱工具 可以向对象的轮廓添加类似于褶皱的纹理效果，使对象表面产生褶皱效果。选择工具箱中的褶皱工具，在需褶皱的对象上单击或单击并拖动鼠标即可变形对象。图5-48所示为原图，图5-49所示为使用褶皱工具变形后的效果。

图5-48 原图形

图5-49 褶皱图形效果

提示 各变形工具的工具属性栏设置不同，选择点不同，按住鼠标时间长短不同等，都可以使图形产生不同的变化，在对图形进行变形操作时，可以根据需要对图形进行变形。

本练习将先通过矩形工具▣和渐变工具▣绘制一个蓝色渐变背景，然后打开彩色线条图形（素材所在位置：素材\第5章\课堂练习\彩条.ai），选择旋转扭曲工具▣，设置较大的画笔宽度和高度，在彩条中间按住不放，得到旋转图形，再绘制多个径向渐变圆形，并在"不透明"面板中设置混合模式为"滤色"，完成后的效果如图5-50所示（效果所在位置：效果\第5章\课堂练习\七彩光环.ai）。

图5-50　七彩光环

5.2　混合对象

图形的混合操作是指在两个或两个以上的图形路径之间创建混合效果，使参与混合操作的图形在形状、颜色等方面形成一种光滑的过渡效果。在Illustrator中，图形、文字、路径和应用渐变或图案的对象都可以用来创建混合。图形的混合操作主要包括混合图形的创建、混合选项的设置、混合图形的编辑等，下面逐一进行讲解。

5.2.1　课堂案例——制作立体字

案例目标： 本实例要求制作"装修节"立体文字，除了文字的艺术变形外，还要具有立体视觉效果。最终效果如图5-51所示。

知识要点： 混合工具；编组选择工具；"透明度"面板。

素材位置： 素材\第5章\文字.ai。

效果文件： 效果\第5章\立体字.ai。

图5-51　完成后的参考效果

具体操作步骤如下。

STEP 01 打开"文字.ai"素材文件，选择文字，按住【Alt】键不放并向上拖动鼠标，复制文字，如图5-52所示。选择复制的文字，将其填充为黄色"#EAC85C"，如图5-53所示。

视频教学
制作立体字

图5-52　复制并移动文字

图5-53　改变文字颜色

STEP 02 按【Ctrl+A】组合键选择图像窗口中的两组文字，双击工具箱中的混合工具🔲，打开"混合选项"对话框，在"间距"下拉列表框中选择"指定的步数"选项，在右侧的文本框中输入10，单击 确定 按钮，如图5-54所示。将鼠标指针放在紫色文字的锚点上，当捕捉到锚点后，鼠标指针将变为^ᾑ*形状，此时单击鼠标，如图5-55所示。

图5-54 设置对话框参数

图5-55 单击锚点

STEP 03 再将鼠标指针放在黄色文字的锚点上，当鼠标指针变为^ᾑ₊形状时，单击鼠标，如图5-56所示。创建混合后的效果如图5-57所示。

图5-56 单击锚点

图5-57 创建混合

STEP 04 选择编组选择工具🔲，在下方黄色文字上单击两次鼠标，选中黄色文字，选择【窗口】/【透明度】命令，打开"透明度"面板，设置"不透明度"为20%，如图5-58所示，得到的最终效果如图5-59所示。

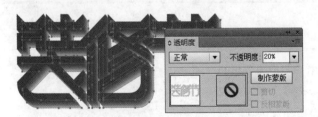

图5-58 设置不透明度

图5-59 最终效果

提示 为图形创建混合后，系统将自动为所有图形编组。如果要选择混合对象中的某一个图形，需要单击两次才能将其选中。

5.2.2 创建混合

在Illustrator CC中，利用工具箱中的混合工具或选择【对象】/【混合】/【建立】命令，或按【Ctrl+Alt+B】组合键，均可将所选择的图形创建为混合效果，下面分别进行介绍。

1. 直接混合图形

选择星形工具 绘制图5-60所示的两个图形，分别填充轮廓为红色和黄色，选择混合工具，将鼠标指针移动到红色的五角星边框线上单击鼠标左键，然后将鼠标指针移动至黄色五角星边框线上单击鼠标左键，即可直接将两个图形混合，如图5-61所示。

图5-60　绘制五角星

图5-61　混合图形

2. 使用混合命令创建混合

选择椭圆工具 绘制两个椭圆形，将它们选择，如图5-62所示，选择【对象】/【混合】/【建立】命令，即可创建混合，如图5-63所示。

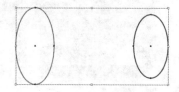

图5-62　绘制圆形

图5-63　混合图形

技巧 在捕捉不同位置的锚点时，创建的混合效果也各不相同，用户可以根据需要创建出多种混合效果。

5.2.3　设置混合选项

通过设置混合选项中的参数可以制作出许多不同效果的混合图形，选择【对象】/【混合】/【混合选项】命令或双击混合工具，都可以打开图5-64所示的"混合选项"对话框。

该对话框中各选项的含义如下。

图5-64　"混合选项"对话框

● 间距：用于控制混合图形之间的过渡样式，其右侧的下拉列表中包括"平滑颜色""指定的步数""指定的距离"3个选项。

● 平滑颜色：将根据混合图形的颜色和形状来确定混合步数，如图5-65所示。

● 指定的步数：可在其右侧的文本框中设置一个步数参数，以控制混合图形所产生的步数。步数值越大取得的混合效果越平滑，图5-66所示为指定步数为"5"的效果。

● 指定的距离：可在其右侧的文本框中设置一个距离参数，以控制混合对象中相邻单位步数对象之间的距离，距离值越小获得的混合效果越平滑，图5-67所示为指定距离为2.8mm的混合图形。

图5-65　平滑颜色的混合图形

图5-66　指定步数的混合图形

图5-67　指定距离的混合图形

- 对齐页面 ：用于将混合效果中的每一个中间混合对象的方向垂直于页面的x轴，如图5-68所示。
- 对齐路径 ：用于将混合效果中的每一个中间混合对象的方向垂直于该图形处的路径，如图5-69所示。

图5-68　对齐页面的混合图形

图5-69　对齐路径的混合图形

5.2.4　反向堆叠与反向混合

创建混合后，图形就会形成一个整体，这个整体由原混合对象以及对象之间形成的路径组成。除了混合步数外，混合对象的层次关系以及混合路径的形态也是影响混合效果的重要因素。

1. 反向堆叠图形

混合对象之间同样存在堆叠的关系，当混合对象之间出现叠加现象时会非常明显。如果要颠倒混合对象中的堆叠顺序，可以选择相应的混合对象，如图5-70所示。选择【对象】/【混合】/【反向堆叠】命令即可，如图5-71所示。

图5-70　选择图形

图5-71　反向堆叠的图形

2. 反向混合图形

当要翻转混合对象的混合顺序时，可以选择该混合对象，如图5-72所示，然后选择【对象】/【混合】/【反向混合】命令，此时相应的混合对象位置将发生翻转，如图5-73所示。

图5-72　选择图形　　　　　　　　　　　　　　　　图5-73　反向混合的图形

5.2.5　编辑原始图形

创建混合图形后，如果要编辑原始图形，可以使用直接选择工具 在原始图形上单击将其选择，如图5-74所示。选择原始图形后，可以改变它的颜色，如图5-75所示，还可以对其进行移动、旋转、缩放等操作。

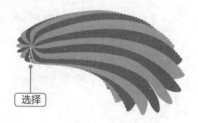

选择

图5-74　选择图形　　　　　　　　　　　　　　　　图5-75　改变颜色

5.2.6　编辑混合轴

创建混合后，系统将自动生成一条连接混合对象的路径，这条路径即被称为混合轴。默认情况下，混合轴是一条直线路径，用户可使用路径编辑工具修改混合轴的形状。

在已建立混合的对象上方绘制一条路径，如图5-76所示，然后选择混合对象与路径，选择【对象】/【混合】/【替换混合轴】命令，即可用当前路径替换原有的混合轴，如图5-77所示。

图5-76　绘制曲线路径　　　　　　　　　　　　　　图5-77　替换后的效果

5.2.7　扩展与释放混合

当为对象创建混合效果之后，任何选择工具都不能选择和编辑混合图形中的过渡图形。如果想要编辑这些图形，则需要扩展混合图形，也就是将混合图形解散，使其转换为一个路径组。

扩展混合图形的方法是：首先选择需要扩展的混合图形，如图5-78所示。然后选择【对象】/

【混合】/【扩展】命令，即可将混合图形扩展出来并转换为一个路径组，如图5-79所示，再使用选择工具便可选择路径组中的任意路径，并对其进行编辑。

图5-78　选择混合图形

图5-79　扩展对象

当将混合图形扩展为路径组后，选择【对象】/【取消编组】命令（或在此对象上单击鼠标右键，在弹出的快捷菜单中选择【取消编组】命令，可以取消路径的组合状态，得到许多独立的图形对象，如图5-80所示。选择其中的某个对象，可进行编辑操作，图5-81所示为给对象填充其他颜色的效果。

图5-80　取消编组

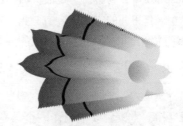

图5-81　填充颜色

当创建混合图形之后，选择【对象】/【混合】/【释放】命令或按【Ctrl+Shift+Alt+B】组合键，可将当前的混合图形释放，并删除由混合生成的新图形，还原成图形混合之前的状态。需注意的是，释放混合对象时还会释放出一条无填充、无描边的混合轴（路径）。

疑难解答 ｜ 多个图形能否进行混合？

可以，图形的混合主要有3种类型：一是直接混合，即在所选择的两个图形之间进行混合；二是沿路径混合，是指图形在混合的同时沿指定的路径布置；三是复合混合，是指两个以上图形之间的混合。复合混合的方法与前面两种混合的操作方法相似。绘制3个图形，从左到右分别为正方形、圆形、五角星图形，选择混合工具，将鼠标指针移动到左边的正方形上单击一次，移动指针至中间的圆形上单击一次，再移动指针至右边的五角星图形上单击一次，即可生成复合混合图形，如图5-82所示。

图5-82　复合混合图形

课堂练习——制作动感科技线条

本练习将首先使用钢笔工具 绘制蓝色曲线段，然后对两条曲线直接运用混合效果，最后绘制一个黑白渐变背景，选择所有对象，制作蒙版，使线条图形边缘自然消失，效果如图5-83所示（效果所在位置：效果\第5章\课堂练习\动感科技线条.ai）。

图5-83 实例效果

5.3 封套扭曲对象

在Illustrator中，封套扭曲是最灵活、最具可控性的变形功能，它可以使对象按封套的形状产生变形。建立封套扭曲的方法主要有3种，分别为用形状创建封套扭曲、用网格创建封套扭曲和用顶层对象创建封套扭曲，下面逐一讲解。

5.3.1 课堂案例——制作鱼眼镜头效果

案例目标：本案例要求制作一个具有凸出鱼眼镜头效果的图形，并使其呈现为圆形按钮形式。最终效果如图5-84所示。

知识要点："封套扭曲"功能；钢笔工具。

素材位置：素材\第5章\城堡.jpg、金属边框.jpg。

效果文件：效果\第5章\鱼眼镜头效果.ai。

视频教学
制作鱼眼镜头
效果

图5-84 完成后的效果

具体操作步骤如下。

STEP 01 选择椭圆工具 ，按住【Shift】键绘制一个正圆形，如图5-85所示。

STEP 02 打开"城堡.jpg"图像文件，使用选择工具 选择圆形和素材图像，如图5-86所示。

图5-85 绘制正圆形

图5-86 选择对象

STEP 03 选择【对象】/【封套扭曲】/【用顶层对象建立】命令,即可得到中心画面不变,其他景物向外突出的变形效果,如图5-87所示。

STEP 04 使用钢笔工具 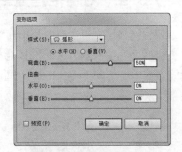绘制一个月牙图形,填充为白色,放到圆形图像上方,效果如图5-88所示。

图5-87 创建封套扭曲

图5-88 绘制月牙图形

STEP 05 选择【窗口】/【透明度】命令,打开"透明度"面板,设置混合模式为柔光,再适当调整月牙图形的大小和位置,如图5-89所示。

STEP 06 打开"金属边框.jpg"图像文件,将制作好的鱼眼镜头图像放到金属圆圈中间,适当调整图像大小,效果如图5-90所示。

图5-89 设置混合模式

图5-90 添加图像

5.3.2 用变形建立封套扭曲

在Illustrator中,通过预设的"变形"形状可以创建多种封套扭曲效果。选择一个图形对象,选择【对象】/【封套扭曲】/【用变形建立】命令,打开"变形选项"对话框,在"样式"下拉列表中提供了15种封套类型,如图5-91所示。根据实际需要调整相应的参数滑块,即可利用预设的封套对图形进行扭曲操作。

该对话框中各选项的含义如下。

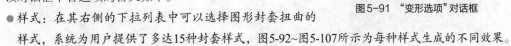

图5-91 "变形选项"对话框

● 样式:在其右侧的下拉列表中可以选择图形封套扭曲的样式,系统为用户提供了多达15种封套样式,图5-92~图5-107所示为每种样式生成的不同效果。

● 水平/垂直:选中其中某个单选项,可以决定对被选择对象的变形操作是在水平方向还是在垂直方向。

● 弯曲：用于设置扭曲程度，该值越大，扭曲强度越大。

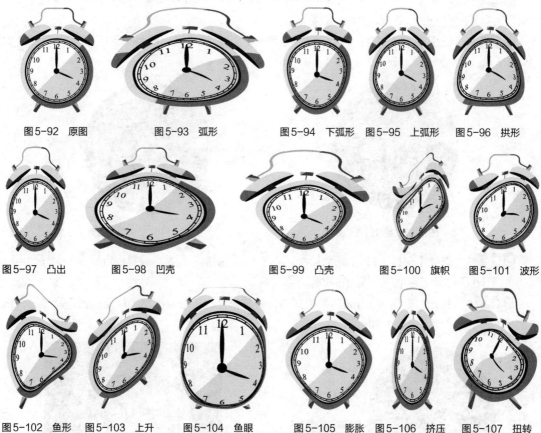

图5-92　原图　　　　图5-93　弧形　　　　　图5-94　下弧形　图5-95　上弧形　图5-96　拱形

图5-97　凸出　　　　图5-98　凹壳　　　　　图5-99　凸壳　　图5-100　旗帜　图5-101　波形

图5-102　鱼形　图5-103　上升　　　图5-104　鱼眼　　　图5-105　膨胀　图5-106　挤压　图5-107　扭转

● 扭曲：决定选择对象在变形的同时是否扭曲。该选项卡中包括"水平"和"垂直"两个选项。

● 水平：选择"水平"选项，可以使变形偏向水平方向。

● 垂直：选择"垂直"选项，可以使变形偏向垂直方向。

5.3.3　用网格建立封套扭曲

使用网格建立封套扭曲是指在对象上创建变形网格，再通过调整网格点来扭曲对象，通过它可以更灵活地调节封套效果。选择对象，选择【对象】/【封套扭曲】/【用网格建立】命令，在打开的对话框中设置网格线的行数，如图5-108所示，单击 [确定] 按钮，即可创建变形网格，如图5-109所示。然后使用直接选择工具 移动网格来改变网格形状，得到扭曲对象，如图5-110所示。

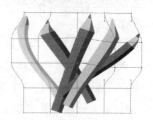

图5-108　"封套网格"对话框　　　图5-109　创建网格　　　　图5-110　编辑网格

5.3.4 用顶层对象建立封套扭曲

用顶层对象建立封套扭曲是指在一个对象上面放置另外一个图形，用当前图形扭曲下面的对象。在对象上放置一个图形，如图5-111所示，再选择所有对象，选择【对象】/【封套扭曲】/【用顶层对象建立】命令，即可用该图形扭曲它下面的对象，如图5-112所示。

图5-111 放置图形

图5-112 建立封套扭曲

5.3.5 释放和扩展封套扭曲

若想对已创建封套扭曲的对象进行还原，可以使用【释放】命令对对象上的封套进行释放。选择一个封套扭曲对象，选择【对象】/【封套扭曲】/【释放】命令，即可释放封套扭曲图形。

当对象应用封套效果后，无法再为其应用其他类型的封套，如果想进一步对此对象进行编辑，可以对其进行转换。选择【对象】/【封装扭曲】/【扩展】命令，即可将封套中的图形对象转换为独立的图形对象。

5.3.6 设置封套选项

当一个或多个对象进行封套变形后，除了可以使用直接选择工具进行调整，还可以对整体进行设置。先选择封套对象，再选择【对象】/【封套扭曲】/【封套选项】命令，打开"封套选项"对话框，如图5-113所示。在其中进行相应设置即可。

该对话框中各选项的含义如下。

●栅格：该选项卡包含"消除锯齿"和"保留形状，使用："2个选项，其含义分别如下。

●消除锯齿：在用封套扭曲对象时，可选中该复选框，来平滑对象的边缘。但会增加处理时间。

●保留形状，使用：当用非矩形封套扭曲对象时，可使用此选项指定栅格以何种形式保留其形状。选中"剪切蒙版"单选项，可在栅格上使用剪切蒙版；选中"透明度"单选项，可对栅格应用Alpha通道。

图5-113 "封套选项"对话框

●保真度：指定要使对象适合封套模型的精确程度。该值越大，封套内容的扭曲效果越接近于封套的形状，同时会向扭曲路径添加更多的锚点，而扭曲对象所花费的时间也会增加。

●扭曲外观：如果封套对象应用效果或图形样式等外观属性，选中该复选框，可将对象的形状与其外观属性一起扭曲。

●扭曲线性渐变填充：如果封套对象填充了线性渐变，如图5-114所示，选中该复选框，可将对象与线性渐变一起扭曲，如图5-115所示。

图5-114　原图效果　　　　　　　　　　　　　　　　图5-115　扭曲线性渐变填充

●扭曲图案填充：如果封套对象填充了图案，如图5-116所示，选中该复选框，可将对象与图案一起扭曲，如图5-117所示。

图5-116　原图效果　　　　　　　　　　　　　　　　图5-117　扭曲图案填充

技巧　选择封套对象后，单击工具属性栏中的"封套选项"按钮，也可打开"封套选项"对话框。

5.3.7　编辑封套内容

当一个对象被执行了任意一种封套操作后，所有封套对象都会合并到一个图层中，且"图层"面板中的对应图层的名称变为"封套"。虽然对象在一个图层中，但是用户也可以对封套的内容进行编辑。选择已创建封套扭曲的对象，如图5-118所示。单击工具属性栏中的"编辑内容"按钮，或选择【对象】/【封套扭曲】/【编辑内容】命令，封套内容将会被释放出来，此时，即可对图形进行编辑操作，如图5-119所示。完成编辑后，单击工具属性栏中的"编辑封套"按钮，即可恢复封套扭曲。

图5-118　选择封套对象　　　　　　　　　　　　　　图5-119　编辑内容

课堂练习——制作艺术花瓶

本练习将先使用钢笔工具 ✍ 绘制出花瓶的基本外形，然后使用【用网格建立】命令，编辑花瓶并填充颜色，最后打开"花朵.ai"图像文件（素材所在位置：素材＼第5章＼课堂练习＼花朵.ai），将其放到花瓶中，完成后的效果如图5-120所示（效果所在位置：效果＼第5章＼课堂练习＼艺术花瓶.ai）。

图5-120　实例效果

5.4　使用路径查找器编辑图形

路径查找器能够将两个或两个以上的图形结合或分离，生成新的复合图形。下面将详细讲解路径查找器的使用方法。

5.4.1　课堂案例——制作光盘

案例目标：本案例将制作一个光盘，需要将超出光盘盘面的图形修剪掉，效果如图 5-121 所示。

知识要点："路径查找器"面板；椭圆工具；原位复制粘贴对象。

素材位置：素材＼第 5 章＼花纹 .ai。

效果文件：效果＼第 5 章＼光盘 .ai。

视频教学
制作光盘

图 5-121　完成后的参考效果

具体操作步骤如下。

STEP 01 选择椭圆工具 ⬭，按住【Shift】键绘制一个正圆形，将其填充为灰色"＃A6A79D"，轮廓无颜色，如图5-122所示。

STEP 02 选择圆形，按【Ctrl+C】组合键复制对象，再按【Ctrl+F】组合键原位粘贴对象，然后按住【Shift+Alt】组合键向中心缩小圆形，改变颜色为白色，如图5-123所示。

图5-122　绘制并填充正圆形

图5-123　复制并缩小对象

STEP 03 再次原位复制圆形并中心缩小对象，改变为任意颜色，如黄色，如图5-124所示。

STEP 04 打开"花纹.ai"文件，将较大的花纹图形放到黄色圆形右下方，如图5-125所示。选择黄色圆形，按【Shift+Ctrl+]】组合键将其置于顶层，如图5-126所示。

图5-124　原位复制并缩小圆形　　　　图5-125　复制并缩小对象　　　　图5-126　调整图形顺序

STEP 05 选择黄色圆形的同时，按住【Shift】键单击花环图形，将其加选，单击"路径查找器"面板中的"裁剪"按钮■，得到图5-127所示的效果。

STEP 06 选择圆形以外多余的花纹图形，按【Delete】键删除，得到图5-128所示的效果。

STEP 07 选择"花纹.ai"文件中较小的花纹图形，将其放到圆形的左上方，如图5-129所示。

图5-127　裁剪对象　　　　　　　　图5-128　删除多余对象　　　　　　图5-129　添加其他素材

STEP 08 选择椭圆工具■，再绘制一个正圆形，填充颜色为灰色（#B7B7B7），轮廓颜色为浅绿色（#D4E4B4），在工具属性栏中设置"描边粗细"为6pt，如图5-130所示。

STEP 09 选择圆形，按【Ctrl+C】组合键复制对象，再按【Ctrl+F】组合键原地粘贴对象，然后按住【Shift+Alt】组合键向中心缩小圆形，改变颜色为浅灰色（#E8E8E8），如图5-131所示。

STEP 10 原位复制一次灰色圆形，中心缩小对象，改变填充颜色为白色，轮廓为灰色（#989898），如图5-132所示。

图5-130　绘制圆形　　　　　　　　图5-131　复制并缩小圆形　　　　　图5-132　复制并缩小圆形

STEP 11 再次原位复制一次灰色圆形，中心缩小对象，在工具属性栏中改变"轮廓描边粗细"为0.5pt，效果如图5-133所示。

STEP 12 选择步骤8到步骤11所绘制的圆形，单击鼠标右键，在弹出的菜单中选择【编组】命令，如图5-134所示。

STEP 13 将编组后的圆形放到光盘图形中间，如图5-135所示。

图5-133 复制并缩小对象

图5-134 为图形编组

图5-135 调整位置

STEP 14 选择椭圆工具 ，在光盘下方绘制一个椭圆形，设置轮廓无填充，填充为渐变，在"渐变"面板中设置颜色为从浅灰色到白色，如图5-136所示。

STEP 15 选择刚刚绘制的渐变圆形，原位复制一次对象，改变渐变填充颜色为从白色到黑色，如图5-137所示。

图5-136 制作渐变圆形

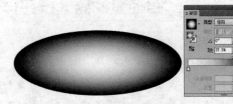

图5-137 改变渐变填充

STEP 16 选择这两个椭圆图形，按【Shift+Ctrl+F10】组合键，打开"透明度"面板，单击 制作蒙版 按钮，得到图5-138所示的效果。

STEP 17 将该图形放到光盘图形下方，并按【Shift+Ctrl+[】组合键将其置于底层，得到光盘投影效果，如图5-139所示。

STEP 18 选择文字工具在光盘右上方输入文字，设置大写英文字体为"Aparajita"，小写英文字体为"宋体"，填充为黑色，得到图5-140所示的效果，完成光盘的制作。

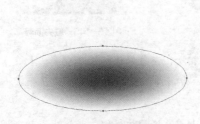

图5-138 制作剪切蒙版

图5-139 移动对象

图5-140 输入文字

5.4.2 设置"路径查找器"选项

越简单的图形在进行路径查找操作时，运行的速度越快，查找的精度也更准确。选择【窗口】/【路径查找器】命令，或按【Shift+Ctrl+F9】组合键，打开"路径查找器"面板，如图5-141所示。单击面板右上角的 ▣ 按钮，在弹出的下拉菜单中选择【路径查找器选项】命令，打开"路径查找器选项"对话框，如图5-142所示。通过该对话框可以自定义路径查找器工作的方式。

图5-141 "路径查找器"面板　　　　　　　图5-142 "路径查找器选项"对话框

"路径查找器选项"对话框中各选项的含义如下。

● 精度：可以影响"路径查找器"计算对象路径时的精确程度。计算越精确，绘图就越准确，生成结果路径所需的时间就越长。

● 删除冗余点：选中该复选框，可删除相同路径上并排的重叠点。

● 分割和轮廓将删除未上色图稿：选中该复选框，Illustrator将自动删除未上色的图形。

● 默认值：单击该按钮，可将各参数重置到默认值。

5.4.3 "路径查找器"按钮详解

选中要进行操作的对象，如图5-143所示，在"路径查找器"面板中单击相应的按钮，即可得到不同的图形编辑效果。

● 联集 ▣：单击该按钮，可以将选择的多个图形合并为一个图形。且在合并后，轮廓线及其重叠的部分融合在一起，最前面对象的颜色决定了合并后对象的颜色，如图5-144所示。

● 减去顶层 ▣：单击该按钮，可以从底部对象中减去前面所有对象，其作用与"联集"相反。使用"减去顶层"后的对象，保留了最底部对象的样式（填色和描边属性），如图5-145所示。

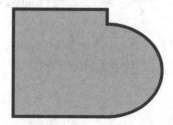

图5-143 选择对象　　　　　　图5-144 联集　　　　　　图5-145 减去顶层

● 交集 ▣：单击该按钮后得到的图形效果与"减去顶层"相反，交集只保留图形重叠（相交）的部分，没有相交的任何部分都被删除，重叠部分显示为顶部图形的填色和描边属性，如图5-146所示。

● 差集 ▣：单击该按钮，则选择对象的重叠区域被减去，未重叠区域被保留。最终生成的新图形的填充和描边颜色与所选对象中位于最顶层的对象属性相同，如图5-147所示。

● 分割 ：单击该按钮可对图形的重叠区域进行分割，使之成为单独的图形，分割后的图形可保留原图形的填充和描边属性，并自动编组，如图5-148所示。

 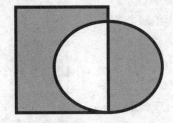 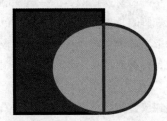

图5-146　交集　　　　　　　　图5-147　差集　　　　　　　　图5-148　分割

● 修边 ：单击该按钮可删除前后图形的重叠区域，并保留对象的填充，无描边，如图5-149所示。

● 合并 ：单击该按钮可对不同颜色的图形进行合并，且在合并后，最顶层的图形形状保持不变，与后面图形重叠的区域将被删除。

● 裁剪 ："裁剪"的作用与蒙版类似，它只保留图形的重叠区域（也就是被裁剪区域外的部分都被删除），顶部的对象充当下方对象的蒙版，并显示为最底部图形的颜色，如图5-150所示。

● 轮廓 ：单击该按钮，可以将对象分割为其组建线段或边缘。准备需要对叠印的图形对象进行陷印时，该选项非常有用，如图5-151所示。

● 减去后方对象 ：从最前面的对象中减去后面的对象。应用该选项，可以通过调整堆叠顺序来删除插图中的某些区域，如图5-152所示。

 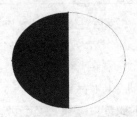 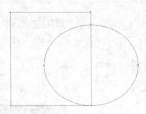 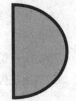

图5-149　修边　　　　　　图5-150　裁剪　　　　　图5-151　轮廓　　图5-152　减去后方对象

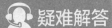 疑难解答

"效果"菜单中的【路径查找器】命令与"路径查找器"面板有什么区别？

用户可使用"效果"菜单来应用路径查找器效果。"效果"菜单中的路径查找器效果仅可应用于组、图层和文字对象。应用效果后，仍可选择和编辑原始对象，也可以使用"外观"面板来修改或删除效果。而"路径查找器"面板中的路径查找器效果可应用于任何对象、组和图层的组合，用户单击"路径查找器"面板时即创建了最终的形状组合；之后，便不能再编辑原始对象。如果这种效果产生了多个对象，这些对象会被自动编组到一起。

课堂练习——绘制草地上的小羊

本练习将通过钢笔工具 绘制出绵羊的头、身子和脚的基本外形，填充为深色，再绘制多个椭圆形，单击"路径查找器"面板中的"联集"按钮，得到白色羊毛图形，再绘制羊角、眼睛等图形，通过面板中的其他按钮，完成绘制，然后将其放置到草地素材图像中（素材所在位置：素材＼第5章＼课堂练习＼草地.jpg），效果如图5-153所示（效果所在位置：效果＼第5章＼课堂练习＼草地上的小羊.ai）。

图5-153　实例效果

5.5　上机实训——制作化妆品直通车广告

5.5.1　实训要求

对于一些较为规则的图形，不一定要使用钢笔工具沿着轮廓进行绘制，可以使用一些变形工具，通过简单的操作，得到具体的图形。本次上机实训要求使用较为简洁的方式绘制出化妆品的外形，制作出广告效果。

5.5.2　实训分析

本实例将使用宽度工具绘制化妆品瓶子，然后对化妆品瓶子应用渐变描边，再使用文字工具输入广告文字，制作出直通车广告效果。本实训的参考效果如图5-154所示。

素材所在位置： 素材＼第5章＼上机实训＼粉色背景.jpg。

效果所在位置： 效果＼第5章＼上机实训＼化妆品直通车广告.ai。

图5-154　实例效果

视频教学
制作化妆品直通
车广告

5.5.3 操作思路

完成本实训主要包括绘制圆环、圆环渐变、内圆渐变、高光与反光5大步操作，其操作思路如图5-155所示。涉及的知识点主要包括填充工具、渐变工具、文字工具等。

图5-155 操作思路

【步骤提示】

STEP 01 按【Ctrl+N】组合键，新建一个24cm×20cm的文档，使用直线段工具 ✎ 在图像窗口中绘制一条线条，按【Ctrl+F9】组合键，打开"渐变"面板，在"渐变滑块"下方单击添加渐变滑块，双击添加的渐变滑块，设置渐变颜色为不同深浅的红色。

STEP 02 单击工具箱中的"互换填充和描边"按钮 ⬌，将渐变色切换至描边颜色填充线条。再选择工具箱中的宽度工具 ⧚，将鼠标指针置于线条上方的控制点上，当鼠标指针变为▸时，按住鼠标左键不放向外拖动，调整线条宽度。再使用相同方法调整线条下方。在线条的上方和底部分别添加一个节点，使用相同的方法调整其宽度。

STEP 03 使用直线段工具 ✎ 在瓶身上方绘制一条线段，使用相同的方法为线段应用渐变描边，并使用宽度工具 ⧚ 调整线段宽度。

STEP 04 使用椭圆工具 ⬭ 在瓶盖上方绘制一个椭圆，并切换描边色与填充色。

STEP 05 在瓶盖下方和瓶身交接处绘制一个矩形，并填充为与瓶盖相同的灰色渐变，选择【效果】/【变形】/【拱形】命令，为其添加"弯曲"效果。

STEP 06 按【Shift+F6】组合键，打开"外观"面板，单击右上角的 ▤ 按钮，在弹出的下拉菜单中选择【添加新填色】命令。选择【效果】/【扭曲和变换】/【变换】命令，打开"变换"对话框，设置"移动"栏的"垂直"值为-0.0353cm。

STEP 07 选择【效果】/【风格化】/【投影】命令，打开"投影"对话框，设置参数，为化妆品添加投影效果。

STEP 08 打开"粉色背景.jpg"图像文件，将其放到最底层，选择文字工具，在图像中输入广告文字，完成本实例的操作。

5.6 课后练习

1. 练习1——*制作春天文字*

本练习将制作一个英文立体文字，并添加各种素材和背景，得到具有春天气息的艺术字体。首先输入文字，并对文字应用变形和复制处理，得到重叠文字，然后再通过混合工具得到立体文字效果。完成后的参考效果如图5-156所示。

素材所在位置： 素材 ＼ 第5章 ＼ 课后练习 ＼ 树叶.ai、春天背景.jpg。

效果所在位置： 效果 ＼ 第5章 ＼ 课后练习 ＼ 春天文字.ai。

图5-156　文字效果

2. 练习2——*制作放大镜图标*

本练习将使用网格建立封套扭曲，制作放大镜效果。首先打开"指示牌.ai"素材文件，绘制放大镜图形，通过【用网格建立】命令对网格进行编辑，使放大镜中的图形得到变形效果，完成后的参考效果如图5-157所示。

素材所在位置： 素材 ＼ 第5章 ＼ 课后练习 ＼ 指示牌.ai。

效果所在位置： 效果 ＼ 第5章 ＼ 课后练习 ＼ 放大镜图标.ai。

图5-157　放大镜果

第6章

图层与蒙版

在使用Illustrator绘制图形时，使用图层能够快速有效地管理图形对象，而通过"图层"面板则可以方便地管理与应用图层。本章将详细介绍图层的基本应用，主要包括图层的概念，"图层"面板的详细介绍，图层的创建、复制、删除等基本操作。另外，本章还介绍了蒙版的基本应用，如剪切蒙板和不透明蒙板设置等。

课堂学习目标

- 掌握图层的基本操作
- 掌握图层混合模式与不透明度的使用方法
- 掌握不透明度蒙版的设置
- 掌握剪切蒙版的操作

课堂案例展示

登录界面

糖果文字

6.1 图层

图层的原理非常简单，可以看作许多形状相同的透明画纸叠加在一起，位于不同画纸中的图形叠加起来便形成了完整的图形。图层在图形处理过程中有十分重要的作用，可以对创建或编辑的不同图形进行管理，方便对图形进行编辑，也可以丰富图形的效果。下面将首先绘制一个论坛登录界面，然后再分别对图层的各种操作进行讲解。

6.1.1 课堂案例——绘制论坛登录界面

案例目标：打开素材文件，在"图层"面板中创建新的图层，重命名图层，并在图层中绘制图形，对绘制的图像进行分类管理，效果如图 6-1 所示。

知识要点："图层"面板；钢笔工具；圆角矩形工具。

素材位置：素材 \ 第6章 \ 紫色背景.ai、人物.ai。

视频教学
绘制论坛登录界面

效果文件：效果 \ 第6章 \ 论坛登录界面.ai。

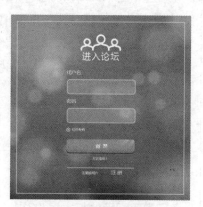

图6-1 完成后的效果

具体操作步骤如下。

STEP 01 启动Illustrator CC，打开"紫色背景.ai"素材文件，如图6-2所示，选择【窗口】/【图层】命令，或按【F7】键，打开"图层"面板，如图6-3所示。

STEP 02 在"图层"面板中单击眼睛图标👁后面的空白处，此时将显示🔒图标，表示锁定图层，这样在编辑其他图形时不会影响背景图层中的对象，如图6-4所示。

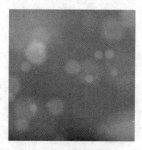

图6-2 打开背景图形

图6-3 打开"图层"面板

图6-4 锁定图层

STEP 03 单击"图层"面板底部的"创建新图层"按钮🔲，即可得到一个新建的图层"图层2"，如图6-5所示。

STEP 04 双击"图层"面板中的"图层 2"文字，重新输入图层名称为"入口框"，如图6-6所示。

STEP 05 选择圆角矩形工具 ⬛，在绘图区的紫色背景中需要绘制入口框的位置单击，打开"圆角矩形"对话框，设置"宽度"为190 px、"高度"为35 px，"圆角半径"为6 px，单击 ⬛确定 按钮，如图6-7所示。

图6-5 新建图层

图6-6 重命名图层

图6-7 设置参数

STEP 06 在鼠标指针单击处将创建一个精确的圆角矩形对象，作为入口框，如图6-8所示。

STEP 07 选择圆角矩形，在工具属性栏中设置"不透明度"为20％，得到透明效果，如图6-9所示。

STEP 08 再次选择圆角矩形工具 ⬛，在相同的位置单击鼠标左键，在打开的对话框中保持默认参数后单击 ⬛确定 按钮，得到一个相同大小的圆角矩形，设置"填色"为无、"描边"为白色，如图6-10所示，得到圆角矩形边框效果。

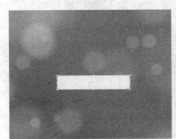
图6-8 创建图形

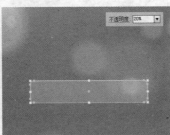
图6-9 设置透明参数

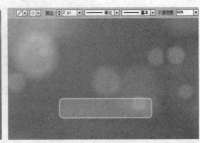
图6-10 绘制描边图形

STEP 09 选择这两个图形，按住【Alt+Shift】组合键的同时向上拖动鼠标到合适位置处释放鼠标，复制该圆角矩形，如图6-11所示。

STEP 10 在画面下方再绘制一个相同大小的圆角矩形，使用渐变工具 ⬛ 对其应用线性渐变填充，并在"渐变"面板中编辑颜色，设置颜色从橘红色（＃F8852D）到橘黄色（＃FFA43E），如图6-12所示，得到的填充效果如图6-13所示。

图6-11 复制并移动对象

图6-12 编辑渐变颜色

图6-13 渐变填充图形

127

STEP 11 选择绘制的橘色圆角矩形，按【Ctrl+C】组合键复制对象，再按两次【Ctrl+V】组合键粘贴对象，将复制的两个圆角矩形重叠放置到原有橘色图形中，再向上移动最上层图形，如图6-14所示。

STEP 12 在"路径查找器"面板中单击"减去顶层"按钮，得到底边图形，将其填充为黑色，并在工具属性栏中设置"不透明度"为29%，制作出圆角矩形的立体效果，如图6-15所示。

图6-14　复制并移动图形　　　　　　　　　　　图6-15　填充颜色

STEP 13 选择钢笔工具，在橘色图形中绘制两个高光图形，使用渐变工具对其应用从白色到透明的渐变填充，如图6-16所示。

STEP 14 在工具属性栏中设置高光图形的"不透明度"为40%，效果如图6-17所示。

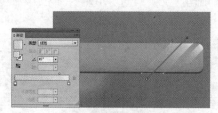

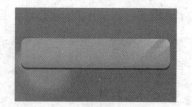

图6-16　绘制高光图形　　　　　　　　　　　　图6-17　降低透明参数

STEP 15 打开"人物.ai"素材文件，使用选择工具将其直接拖动到登录界面图中，放到画面上方，如图6-18所示。

STEP 16 单击"图层"面板中图层2左侧的三角形图标，展开该图层中的子图层，查看其中所有图层，如图6-19所示。

STEP 17 新建一个图层，并将其重命名为"文字"，选择文字工具，在界面中输入相应的文字，并在工具属性栏中设置"字体"为黑体，"颜色"为白色，如图6-20所示。

图6-18　添加素材图像　　　　　　图6-19　展开图层　　　　　　图6-20　输入文字

STEP 18 新建一个图层，使用矩形工具沿图像背景绘制一个比背景尺寸稍小的矩形，在工具属性栏中设置填充为无、描边为白色、不透明度为60%，如图6-21所示。

STEP 19 选择直线段工具 ，按住【Shift】键在橘色圆角矩形下方绘制一条直线，在工具属性栏中设置线段"颜色"为白色、"描边"尺寸为3 pt、"不透明度"为60％，完成本实例的制作，效果如图6-22所示。

图6-21　绘制边框　　　　　　　　　　　　　　　　图6-22　绘制直线

6.1.2　认识"图层"面板

在Illustrator中，各图层主要通过"图层"面板来进行操作。通过"图层"面板可以管理组成图像的所有对象，新建一个文件后，选择【窗口】/【图层】命令或按【F7】键，打开"图层"面板，其中列出了当前文件中包含的所有图层，如图6-23所示。

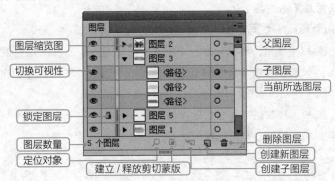

图6-23　"图层"面板

"图层"面板中有多个按钮和图标，下面将详细介绍其功能。

● **图层缩览图**：显示了当前图层中的所有图形。

● **切换可视性**：单击 图标可切换图层显示与隐藏。有该图标的图层为显示的图层，如图6-24所示。无该图标的图层为隐藏的图层，如图6-25所示。被隐藏的图层不能进行编辑操作，也不能打印出来。

图6-24　显示的图层　　　　　　　　　　　　　　　　图6-25　隐藏的图层

● 锁定图层：单击▨图标，可以锁定图层，被锁定的图层不能再进行任何编辑，并且会显示出一个▣形状的图标，如果要解除锁定，可再次单击▣图标。

● 图层数量：显示了当前文件中图层的个数。

● 目标图标：一个对象被选择时，目标图标呈一个双环显示◎；对象没有被选择时，则会呈单环显示○，单击该图标可快速选择对象，如图6-26所示。

● 定位对象：选择一个对象后，单击🔍按钮，可选择对象所在图层或子图层，如图6-27所示。当文件中图层、子图层、组的数量较多时，通过该方法可以快速找到并选择所需图层。

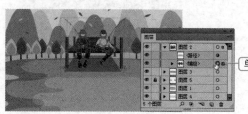

图6-26　选择对象

图6-27　定位对象

● 父图层：新建或打开的文件只有一个图层，在开始绘制图形时，会在当前选择的图层中添加子图层。同时，单击图层前的▶图标可展开图层列表，查看其中包含的子图层。

● 当前所选图层：使用鼠标在"图层"面板中单击相应图层，即可选择该图层和图层中的所有图形内容，且图层呈高亮显示。

● 建立/释放剪切蒙版：单击▣按钮，可以创建或释放剪切蒙版。

● 创建新图层：单击▣按钮，可以创建一个图层（即父图层），且新建的图层总是位于当前选择的图层之上；如果要在所有图层的最上面创建一个图层，可按住【Ctrl】键单击▣按钮；若将一个图层或子图层拖动到▣按钮上，可以复制该图层。

● 创建子图层：单击▣按钮，可在当前选择的父图层内创建一个子图层。

● 删除图层：单击🗑按钮，可删除选择的图层。

 **疑难解答**

如何根据不同的要求锁定对象？

在编辑复杂对象时，为了避免因操作不当而影响其他对象，可以锁定需要保护的对象，主要有以下几种操作方法。

方法一：选择【对象】/【锁定】/【所选对象】命令可以锁定当前选择的对象。

方法二：选择【对象】/【锁定】/【上方所有图稿】命令，可以锁定与所选对象重叠、且位于同一图层中的所有对象。

方法三：选择【对象】/【锁定】/【其他图层】命令，可以锁定除所选对象所在图层以外的所有图层。

6.1.3　图层的基本操作

图层的操作有很多，本节将介绍最基本的操作，包括选择图层、创建新图层及调整图层顺序，下面具体讲解它们的操作方法。

1. 选择图层

在对图层进行编辑之前，首先需要在"图层"面板中选择图层，其方法是：在该图层的名称上单击鼠标左键，被选择的图层将以蓝色显示，如图6-28所示。

如果要选择某一图层中的多个图形对象，其操作方法有两种。

● 选择多个连续图层：先单击需要选择的第一个图层，然后按住【Shift】键单击最后一个图层，如图6-29所示。

● 选择多个不连续的图层：先单击要选择的第一个图层，然后在按住【Ctrl】键的同时单击要选择的其他图层即可，如图6-30所示。

图6-28 选择单个图层

图6-29 选择多个连续的图层

图6-30 选择多个不连续的图层

 提示 在"图层"面板中，当某图层后方显示 图标时，表示该图层中所有的子图层、组都被选；如果显示为 图标时，则表示只有部分子图层或组被选择。

2. 创建图层

选择【窗口】/【图层】命令，打开"图层"面板，单击面板底部的"创建新图层"按钮 ，即可创建一个新图层。单击"图层"面板右上角的 按钮，在弹出的下拉菜单中选择【新建图层】命令，如图6-31所示，打开"图层选项"对话框，在其中进行相应设置后，单击 确定 按钮，可创建具有名称和颜色等属性的图层，如图6-32所示。

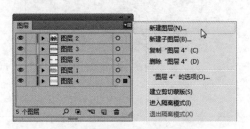

图6-31 选择【新建图层】命令

图6-32 "图层选项"对话框

"图层选项"对话框中各选项的含义如下。

● 名称：显示当前选择图层的名称，在其右侧的文本框中可以为所选择的图层重新命名。

● 颜色：在该下拉列表框中选择一种颜色，可以定义所选图层中被选中图形的边界框颜色。另外，双击右侧的颜色色块，在打开的"颜色"对话框中可以选择需要的颜色，从而自定义所选图层中被选中图形的边界框颜色。

● 模板：选中该复选框，可以将当前图层转换为模板。当图层转换为模板之后，其左侧的 图

标将变为 图标，同时该图层被锁定（即出现一个锁定标志）。

● 显示：选中该复选框，可以在页面中显示当前图层中的对象。如取消选中该复选框，则可以隐藏当前图层中的对象，且"图层"面板中该图层左侧的 图标会自动消失。

● 预览：选中该复选框，系统将以预览的形式显示当前图层中的对象。若取消选中该复选框，将使当前图层中的对象以线条的形式进行显示，此时该图层左侧的 图标变为 图标。

● 锁定：选中该复选框，可以锁定当前图层中的对象，并在图层的左侧出现 图标。图层被锁定后将不可编辑，也无法选择其中的对象。

● 打印：选中该复选框，在输入时将打印当前图层中的对象。若不选择该选项，该图层中的对象将无法被打印，图层名称将以斜体形式显示。

● 变暗显示图像至：选中该复选框，可以使当前图层中的图像变暗显示，其右侧的数值决定了图像变暗显示的程度。当然"变暗显示图像至"选项只能使图层中图像变暗显示，但在打印和输出时效果不会改变。

3. 调整图层顺序

调整图层顺序将调整对象的前后位置关系。位于"图层"面板顶部的对象在顺序中位于前面，而位于"图层"面板底部的对象在顺序中位于后面。同一图层中的对象也是按结构进行排序的。

在"图层"面板中选择需要调整的图层并按住鼠标左键拖动，拖动到所需的某一图层下方时，黑色的插入标记线出现在面板两个图层之间，如图6-33所示，释放鼠标，可将其移动到该图层中其他对象的上方，如图6-34所示。

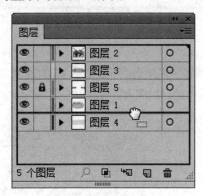

图6-33 拖动图层

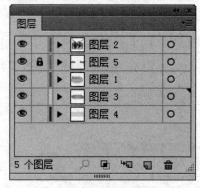

图6-34 改变位置

6.1.4 合并图层

在"图层"面板中，相同层级上的图层和子图层可以进行合并，以节省内存资源。其方法是：按住【Ctrl】键选择需要合并的图层，然后单击"图层"面板右上角的 按钮，在弹出的下拉菜单中选择【合并所选图层】命令，如图6-35所示，即可将所选图层合并到最后一次选择的图层中，如图6-36所示。

技巧 如果要将所有图层拼合到一个图层中，可选择图层，单击"图层"面板右上角的 按钮，在弹出的下拉菜单中选择【拼合图稿】命令。

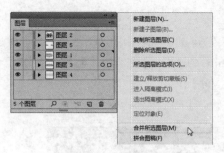

图 6-35　选择命令

图 6-36　合并图层

6.1.5　锁定与解锁图层

锁定图层能使该图层中的对象不被选择和编辑，而且只需要锁定父图层，即可快速锁定其包括的多个路径、组和子图层。只有解锁图层后，才能对该图层中的对象进行编辑。

1. 锁定图层

在对图形进行编辑时，为了不影响当前对象的编辑操作或破坏其他对象，可以将这些图层对象锁定。在"图层"面板中单击需锁定图层 👁 图标后的 图标，此时， 图标将变为 🔒 图标，即该图层被锁定，如图6-37所示。如要解除锁定，可以单击 🔒 图标。

2. 解锁图层

在"图层"面板中选择需要解锁的图层，直接单击图层前面的 🔒 图标，可以解除该图层的锁定状态；单击"图层"面板右上角的 按钮，在弹出的下拉菜单中选择【解锁所有图层】命令，即可解锁所有图层，如图6-38所示。

6.1.6　删除图层

删除图层的同时会删除图层中所包含的对象，在"图层"面板中选择需要删除的图层，单击面板中的 🗑 按钮，或将鼠标指针移动到被选择的图层上，按住鼠标左键将其拖至 🗑 按钮上，释放鼠标即可删除图层，如图6-39所示。

图 6-37　锁定图层

图 6-38　解锁所有图层

图 6-39　删除图层

6.1.7　混合模式与不透明度

混合模式与不透明度都可以让互相堆叠的对象之间产生混合效果。其中混合模式会按照特殊的方式创建混合，而不透明度则可以将对象调整为半透明效果。

1. 不透明度

默认情况下，对象的不透明度为100%，可通过"透明度"面板中的"不透明度"设置图像的不透明度。选择【窗口】/【透明度】命令，或按【Shift+Ctrl+F10】组合键，打开"透明度"面板，在"不透明度"文本框中输入相应数值即可，如图6-40所示。

图6-40　设置不透明度

"透明度"面板中各选项的含义如下。

- 混合模式：在该下拉列表框中选择任意一种混合模式，都可创建一个不同的图形效果。
- 不透明度：在该文本框中输入精确的数值，或单击右侧的▼下拉按钮，在弹出的下拉列表中选择相应选项，可设置对象的不透明程度。
- 制作蒙版：单击 制作蒙版 按钮，可为图形创建蒙版。此时，该按钮变为 释放 按钮。且在创建蒙版后，"剪切"和"反向蒙版"复选框呈可选中状态。
- 剪切：选中该复选框，可创建一个黑色背景的剪切蒙版。
- 反相蒙版：选中该复选框，可反相显示被掩盖对象的发光度和不透明度。

2. 混合模式

"透明度"面板中提供了16种混合模式，它们共分为6组，每一组中的混合模式有着近似的用途。应用到同一对象时，每种模式都会创建一个不同的混合效果。

图6-41　混合模式

选择一个或多个对象，单击"透明度"面板中 正常 按钮右侧的下拉按钮，在弹出的下拉列表中选择一种混合模式后，即会采用这种模式与下面的对象混合，如图6-41所示。各混合模式的作用分别如下。

- 正常：该模式为系统默认的模式，即对象的不透明度为100%时，完全遮盖下方的对象。
- 变暗：在混合过程中对比底层对象和当前对象的颜色，使用较暗的颜色作为结果色，比当前对象亮的颜色将被取代，暗的颜色保持不变。
- 正片叠底：将当前对象和底层对象中的深色相互混合，结果色通常比原来的颜色深，效果与变暗类似。
- 颜色加深：对比底层对象和当前对象的颜色，使用低明度显示。

- 变亮：对比底层对象和当前对象的颜色，使用较亮的颜色作为结果色，比当前对象暗的颜色被取代，较亮的颜色保持不变。
- 滤色：当前对象与底层对象的明亮颜色相互融合，效果通常比原来的颜色亮。
- 颜色减淡：在底层对象与当前对象中选择明度高的颜色来显示混合效果。
- 叠加：以混合色显示对象，并保持底层对象的明暗对比。
- 柔光：当混合色大于50%灰度时，对象变亮，小于50%灰度时，对象变暗。
- 强光：与柔光模式相反，当混合色大于50%灰度时对象变暗，小于50%灰度时对象变亮。
- 差值：以混合色中较亮颜色的亮度减去较暗颜色的亮度，如果当前对象为白色，可以使底层颜色呈现反相，与黑色混合时保持效果不变。
- 排除：与差值的混合效果相似，只是产生的效果比差值模式柔和。
- 色相：混合后的亮度和饱和度由底层对象决定，色相由当前对象决定。
- 饱和度：混合后的亮度和色相由底层对象决定，饱和度由当前对象决定。
- 混色：混合后的亮度由底层对象决定，色相和饱和度由当前对象决定。
- 明度：与混色模式相反，混合后的色相和饱和度由底层对象决定，亮度由当前对象决定。

图6-42所示为"彩球"图像在各种图层混合模式下与背景图像的混合效果。

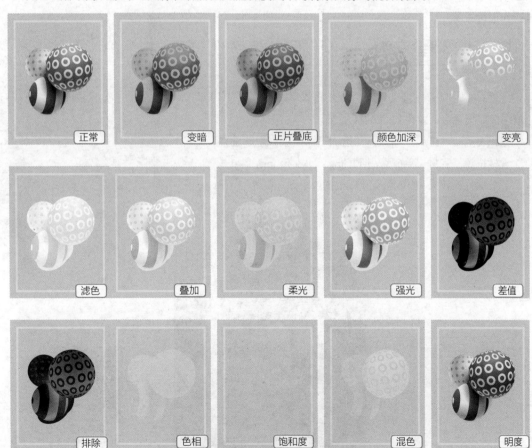

图6-42 不同类型混合模式的效果

创建图层，首先运用椭圆工具，通过"路径查找器"面板，修剪出半圆环图形，复制多次对象，填充为不同的颜色；然后再创建图层绘制出背景和云朵图形，参考效果如图6-43所示（效果所在位置：效果\第6章\课堂练习\绘制彩虹.ai）。

图6-43　彩虹效果

6.2 蒙版

蒙版主要用于遮盖对象，使其呈现不可见或透明效果。Illustrator中可以创建两种蒙版，分别是不透明度蒙版和剪切蒙版，它们的区别在于，不透明度蒙版用于控制对象显示的透明程度，而剪切蒙版主要用于控制对象的显示范围。下面将首先制作一个照片相框效果图，然后再分别对蒙版的各种操作进行讲解。

6.2.1　课堂案例——制作照片相框效果图

案例目标： 打开图像文件，置入人物素材图形，通过不透明度蒙版隐藏部分人物图像，使其与相框图像完美融合，效果如图 6-44 所示。

知识要点： "图层"面板；"透明度"面板；矩形工具。

素材位置： 素材\第6章\相框.jpg、小女孩.jpg。

效果文件： 效果\第6章\照片相框效果.ai。

图6-44　完成后的效果

视频教学
制作照片相框效
果图

具体操作步骤如下。

STEP 01 启动Illustrator CC，选择【文件】/【置入】命令，置入"相框.jpg"图像文件，单击属性栏中的 嵌入 按钮，如图6-45所示。

STEP 02 在"图层"面板中新建一个图层，选择【文件】/【置入】命令，置入"小女孩.jpg"图像文件，并单击属性栏中的 嵌入 按钮，如图6-46所示。

STEP 03 选择小女孩图像，为了方便调整照片位置，选择【窗口】/【透明度】命令，打开"透明度"面板，设置"不透明度"为50％，然后将照片调整到适合相框图像中白色图形的大小，如图6-47所示。

图6-45 置入素材图像

图6-46 置入素材图像

图6-47 调整照片位置

STEP 04 选择矩形工具 ▣，沿着相框白色图形边缘绘制一个矩形，如图6-48所示。

STEP 05 按住【Shift】键选择白色矩形和小女孩图像，在"透明度"面板中单击 制作蒙版 按钮，得到蒙版效果，如图6-49所示。

STEP 06 选择小女孩图像，在"透明度"面板中设置"不透明度"为100％，如图6-50所示，完成本实例的操作。

图6-48 绘制矩形

图6-49 添加蒙版

图6-50 调整不透明度

6.2.2 创建与编辑不透明度蒙版

Illustrator通过调整蒙版对象中颜色的等效灰度来表示蒙版中的不透明度。如果不透明度蒙版为白色，则会完全显示图稿；如果不透明度蒙版为黑色，则会隐藏图稿。蒙版中的灰阶会导致图稿中出现不同程度的透明度。

1. 创建不透明度蒙版

创建不透明度蒙版时，首先要将蒙版图形放在被遮盖的对象上面。下面为海豚制作一个倒影效果，具体操作方法如下。

STEP 01 打开"海豚.ai"文件（素材 \ 第6章 \ 海豚.ai），复制一次海豚图像，将其垂直翻转，放到画面下方，如图6-51所示。

STEP 02 绘制一个矩形，对其应用黑白渐变填充，选择复制的海豚和矩形，如图6-52所示。

STEP 03 单击"透明度"面板中的 制作蒙版 按钮即可创建不透明度蒙版，得到倒影图像效果，如图6-53所示。

图6-51　复制并翻转图像　　　　图6-52　绘制蒙版图像　　　　图6-53　创建不透明度蒙版

 提示 为对象创建不透明度蒙版后，如果要释放蒙版，可以选择对象，单击"透明度"面板中的 释放 按钮，对象即可恢复到创建蒙版前的状态。

2. 编辑不透明度蒙版

用户可以通过编辑蒙版对象来更改蒙版的形状或透明度，从而得到不同的形状或透明效果。创建不透明度蒙版之后，"透明度"面板中将出现两个缩览图，左侧是被遮盖的对象缩览图，右侧是蒙版缩览图，如图6-54所示。单击对象缩览图，即可编辑对象；单击蒙版缩览图，可以对蒙版进行编辑，编辑不透明度蒙版时，可使用任何Illustrator编辑工具和菜单命令来编辑蒙版。

图6-54　"透明度"面板

按住【Alt】键单击蒙版缩览图，画面中会显示蒙版对象，如图6-55所示；按住【Shift】键单击蒙版缩览图，可以暂时停用蒙版，缩览图上会出现一个红色的"×"标志，如图6-56所示。

技巧 如果要启用蒙版，可以按住【Shift】键并单击"透明度"面板中的蒙版对象的缩览图，或者单击"透明度"面板右上角的 按钮，在菜单中选择【启用不透明蒙版】命令，即可启用蒙版。

图6-55　显示蒙版对象

图6-56　停用蒙版

6.2.3　创建与编辑剪切蒙版

剪切蒙版可以用某个形状来遮盖其他图稿的对象，使用剪切蒙版只能看到蒙版形状内的区域，也就是将图稿中的对象裁剪为蒙版的形状。当位于同一图层或不同图层的两个对象有重叠区域时，位于上方的图形创建为蒙版，位于下方的对象只能透过蒙版显示出来，而蒙版以外的内容将被隐藏。

1. 创建剪切蒙版

用户可根据需要创建剪切蒙版编辑图像，使用形状工具组或钢笔工具 ，在图像上需要的位置绘制图形，如图6-57所示。绘制完成后，单击"图层"面板中的 按钮，或选择【对象】/【剪切蒙版】/【建立】命令，即可创建图层剪切蒙版，效果如图6-58所示。

图6-57　绘制图形

图6-58　创建剪切蒙版

2. 编辑剪切蒙版

创建剪切蒙版后，若发现制作的效果不明显，可对剪切蒙版进行编辑。使用直接选择工具 选择钢笔路径，选中需编辑的路径部分并拖动鼠标，即可对蒙版进行编辑，如图6-59所示。

3. 编辑剪切内容

如果要编辑剪切内容，可以使用直接选择工具 在剪贴蒙版路径内的图形上单击，选择剪切内容，然后对其形状、颜色和描边等进行编辑即可，图6-60所示为更改剪切内容颜色后的效果。

图6-59　编辑剪切蒙版

图6-60　编辑剪切内容

疑难解答

创建剪切蒙版时，使用按钮和命令有什么区别？

创建剪切蒙版时，如果单击"图层"面板底部的 ▣ 按钮进行创建，则会遮盖同一图层中的所有对象；而选择【对象】/【剪切蒙版】/【建立】命令创建剪切蒙版，则只会遮盖所选择的对象，不会影响其他对象。

课堂练习 ——制作春天背景

本练习将先绘制一个矩形作为背景外框，再结合使用钢笔工具和形状工具绘制出多片树叶，分别放到矩形周围，选择所有树叶和矩形，为其创建剪切蒙版，隐藏多余的树叶，最后加入文字（素材所在位置：素材 \ 第6章 \ 课堂练习 \ 文字.ai），完成后的效果如图6-61所示（效果所在位置：效果 \ 第6章 \ 课堂练习 \ 春天背景.ai）。

图6-61 案例效果

6.3 上机实训——制作糖果文字

6.3.1 实训要求

为普通的文字添加上底纹和一些特殊效果，使文字显得更加生动活泼。本实训要求制作一个糖果文字，除了添加糖果底纹外，还需要制作出文字的立体感和投影效果。

6.3.2 实训分析

本实例的文字中有复杂的糖果花纹，首先新建图层并输入文字，然后创建剪切蒙版，将花纹置入到文字中，再通过添加内发光和投影效果，制作具有立体感的文字效果，本实训的参考效果如图6-62所示。

素材所在位置： 素材 \ 第6章 \ 上机实训 \ 黄色背景.ai、糖果底纹.jpg。

效果所在位置： 效果 \ 第6章 \ 上机实训 \ 糖果文字.ai。

视频教学
制作糖果文字

图6-62 实例效果

6.3.3 操作思路

完成本实训主要包括输入文字、创建剪切蒙版、添加文字效果3大步操作，其操作思路如图6-63所示。

图6-63　操作思路

【步骤提示】

STEP 01　打开"黄色背景.ai"素材文件，选择【窗口】/【图层】命令，打开"图层"面板，新建图层2。

STEP 02　选择文字工具 T，在其中输入大写英文字母"CANDY"，在工具属性栏中设置"字体"为"汉仪琥珀简体"。

STEP 03　选择文字，按【Ctrl+C】组合键复制对象，新建图层3，按【Ctrl+F】组合键原位粘贴对象，再隐藏图层3。

STEP 04　选择图层2进行操作，置入"糖果底纹.jpg"素材文件，复制3次对象并水平排列，将其放到文字下一层。

STEP 05　选择糖果底纹图像和文字，单击鼠标右键，在弹出的快捷菜单中选择【建立剪切蒙版】命令，文字得到糖果底纹图像效果。

STEP 06　选择【文字】/【创建轮廓】命令，将文字转换为普通图形。

STEP 07　选择【效果】/【风格化】/【内发光】命令，打开"内发光"对话框，设置"模式"为"滤色"、"不透明度"为100%、"模糊"为3。

STEP 08　选择【效果】/【风格化】/【投影】命令，打开"投影"对话框，设置模式为"正片叠底"，其他参数从上到下依次为"78%、0.5、0.5、0.6"，投影颜色为深紫色（#4C1F4C）。

STEP 09　选择制作效果后的文字图形，打开"透明度"面板，设置混合模式为"正片叠底"，完成本实例的制作。

6.4　课后练习

1. 练习1——制作彩色人物剪影

本练习将制作一个彩色人物剪影，主要练习通过图层分类管理，绘制多个彩色图形，然后将彩色圆图形通过剪切蒙版功能置入到人物轮廓图形中，最后使用相同的方法制作背景。完成后的参考效果如图6-64所示。

素材所在位置：素材\第6章\课后练习\人物.ai、灰色背景.ai、彩色圆.ai。

效果所在位置：效果\第6章\课后练习\彩色人物剪影.ai。

图6-64　完成后的效果

2. 练习2——*制作淘宝美妆店广告*

　　本练习将制作一个淘宝美妆店广告，主要练习剪切蒙版的应用，以及在"透明度"面板中调整图形的不透明效果，完成后的参考效果如图6-65所示。

　　素材所在位置： 素材＼第6章＼课后练习＼口红.ai、墨迹.ai。

　　效果所在位置： 效果＼第6章＼课后练习＼淘宝美妆店广告.ai。

图6-65　完成后的效果

第 7 章

文字与图表的使用

使用Illustrator进行平面设计时，经常使用到文字元素。Illustrator提供了强大的文字处理和图文混排功能，不仅可以像其他文字处理软件一样排版大量的文字，还可以将文字作为对象进行处理。除了文字的应用，本章还介绍了图表的绘制与编辑，使用户可以通过Illustrator的图表功能更方便、快捷地进行数据的统计和比较。

课堂学习目标

- 掌握创建文字的方法
- 掌握文字的编辑方法
- 掌握图表的绘制与编辑方法

课堂案例展示

艺术卷边字

咖啡店海报

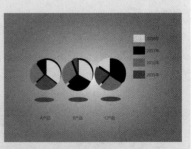

立体图表

7.1 创建文字

在Illustrator CC中，创建文字最基本的方法就是选择相应的文字工具，再通过键盘输入文字。Illustrator工具箱中提供了7种不同类型的文字工具，利用这些工具可以创建各种类型的文字。下面将分别介绍使用这些工具创建文本的方法。

7.1.1 课堂案例——制作艺术卷边字

案例目标： 打开素材图像文件，在其中输入文字，设置文字的字体、字号，再为文字填充颜色，最后进行艺术美化处理，效果如图7-1所示。

知识要点： 文字工具；文字工具属性栏；旋转扭曲工具。

素材位置： 素材 \ 第7章 \ 方格背景.jpg。

效果文件： 效果 \ 第7章 \ 艺术卷边字.ai。

视频教学
制作艺术卷边字

图7-1　完成后的效果

具体操作步骤如下。

STEP 01 启动Illustrator CC，选择【文件】/【置入】命令，在打开的对话框中选择"方格背景.jpg"图像文件，单击 置入 按钮将其置入到画面中，单击属性栏中的 嵌入 按钮进行嵌入，如图7-2所示。

STEP 02 选择文字工具 T，在工具属性栏中设置"字体"为"方正正大黑简体"，"大小"为100 pt，在图像中单击鼠标左键作为文字起点处，这时可以看到一个闪烁的光标，如图7-3所示。

图7-2　嵌入图像

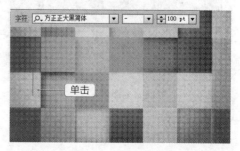

图7-3　插入起始点

STEP 03 在光标处输入文字"ART",如图7-4所示。按【Ctrl+Shift】组合键等比例放大文字,如图7-5所示。

图7-4 输入文字

图7-5 调整文字大小

STEP 04 使用选择工具 选择文字,单击鼠标右键,在弹出的快捷菜单中选择【创建轮廓】命令,如图7-6所示,即可将文字转换为普通图形。

STEP 05 选择文字,在工具属性栏中设置填充颜色为橘黄色(#EFBC30),轮廓为白色,"描边"为2 pt,如图7-7所示。

图7-6 扩展轮廓

图7-7 为文字填充颜色

STEP 06 双击工具箱中的旋转扭曲工具 ,打开"旋转扭曲工具选项"对话框,在其中设置笔触大小等参数,如图7-8所示。

STEP 07 在每个字母边角处按住鼠标并停顿,即可让路径产生卷曲效果,效果如图7-9所示。

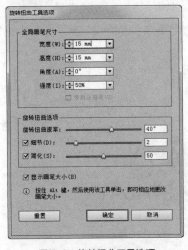

图7-8 旋转扭曲工具选项

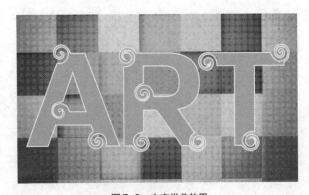

图7-9 文字卷曲效果

STEP 08 选择【效果】/【风格化】/【投影】命令,打开"投影"对话框,设置投影颜色为深紫色（＃410846），再设置其他参数，如图7-10所示。

STEP 09 单击 确定 按钮，得到文字投影效果，完成本实例的制作，如图7-11所示。

图7-10 设置投影选项

图7-11 最终效果

7.1.2 认识文字工具

Illustrator中包含了7种文字工具。在工具箱中按住文字工具 T 不放，在弹出的工具列表中可看到这7种文字工具，如图7-12所示。

图7-12 文字工具

7.1.3 创建和编辑点文字

当需要输入少量文字时，可使用文字工具 T 和直排文字工具 T 在需输入文字的位置单击，当出现插入光标时，输入一行或一列横排或直排的文字即可。输入的文字也称为点文字，它们都是独立成行，不会自动换行，当需要换行时，按【Enter】键开始新的一行。

视频教学
创建和编辑
点文字

具体操作如下。

STEP 01 打开"气球.ai"素材文件（素材所在位置：素材＼第7章＼气球.ai），选择文字工具 T ，此时鼠标指针变为 Ⓘ （直排文字工具变为 ⊞ 形状），单击鼠标，确定文字插入点，如图7-13所示。

STEP 02 输入文字，输入完成后，按【Esc】键结束文字的输入，如图7-14所示。

图7-13 定位插入点

图7-14 输入文字

STEP 03 创建点文字后，如果发现文字未输入完整或有错误，可以再次选择文字工具 T ，在文字中单击插入光标，输入需要的文字，还可以在文字上单击并拖动鼠标选择文字，如图7-15所示。

STEP 04 输入文字后，还可以通过文字工具对应的工具属性栏进行一些美化操作，从而使图像达到需要的效果，图7-16所示为修改文字颜色和大小后的效果。

图7-15　选择文字

图7-16　改变文字颜色和大小

7.1.4　创建和编辑区域文字

使用区域文字工具或直排区域文字工具，可以在开放或闭合的路径内创建横排或竖排的文字对象，从而建立所需要的文字排列形式。

具体操作如下。

STEP 01 打开"区域背景.ai"素材文件（素材所在位置：素材＼第7章＼区域背景.ai），使用钢笔工具绘制一个无填充的心形图形，如图7-17所示。

STEP 02 在工具箱中选择区域文字工具，将鼠标指针移至路径的边缘上单击，如图7-18所示，路径上出现闪动的文字光标，如图7-19所示。

图7-17　绘制"心形"图形

图7-18　单击路径边缘

图7-19　出现闪动的文字光标

STEP 03 开始输入文字，输入的文字会按照路径的形状填充至心形路径中。效果如图7-20所示。

STEP 04 将光标插入文字中，按【Ctrl+A】组合键全选文字，单击工具箱底部的"填色"色块，在打开的"拾色器"对话框中设置文字颜色为红色（＃9E0B2E），最终效果如图7-21所示（效果所在位置：效果＼第7章＼区域文字.ai）。

图7-20　输入的区域文字

图7-21　改变文字颜色

7.1.5 创建和编辑路径文字

　　路径文字是指沿着开放或封闭的路径排列的文字。当水平输入文字时，字符的排列会与基线平行；当垂直输入文字时，字符的排列会与基线垂直。Illustrator使用路径文字工具 和直排路径文字工具 可以输入沿开放或闭合路径的边缘排列的文字。

　　具体操作如下。

STEP 01 打开"路径背景.ai"素材文件（素材所在位置：素材＼第7章＼路径背景.ai），选择路径文字工具 ，将鼠标指针放在路径上，这时鼠标指针变为 ，如图7-22所示。

STEP 02 单击鼠标插入光标，路径上出现闪动的光标，如图7-23所示。输入文字，文字将沿路径形状排列，如图7-24所示。

图7-22　放置光标　　　　　　图7-23　插入光标　　　　　　图7-24　输入文字

STEP 03 使用选择工具 选择路径文字，将光标放在文字中间的终点标记上，光标会变为 ，如图7-25所示。单击并沿路径拖动鼠标可以移动文字，如图7-26所示。

STEP 04 与点文字相同，输入路径文字后也可以对其中的内容进行编辑和修改。图7-27所示为修改文字颜色和大小的效果（效果所在位置：效果＼第7章＼路径文字.ai）。

图7-25　放置光标　　　　　　图7-26　移动文字　　　　　　图7-27　编辑文字

疑难解答 | 如何保持外来文字的字符和段落格式？

　　直接复制文字到 Illustrator 中，其字符和段落格式可能发生变化，而通过"导入"方式将文字导入到 Illustrator 中，可以保留文字的格式。导入文字有以下两种方法。

● 将文本导入新文档中：选择【文件】/【打开】命令，选择要打开的文本文件，单击 打开 按钮即可。

● 将文本导入当前文档中：选择【文件】/【置入】命令，在打开的对话框中选择所需的文本文件，单击 置入 按钮即可。

课堂练习——制作花艺店名片

本练习首先打开"粉色背景.jpg"图像文件（素材所在位置：素材＼第7章＼课堂练习＼粉色背景.jpg），然后绘制白色矩形并调整其透明度，再使用文字工具在其中输入文字，在工具属性栏中设置字体、字号和颜色等，完成后的效果如图7-28所示（效果所在位置：效果＼第7章＼课堂练习＼花艺店名片.ai）。

图7-28 实例效果

7.2 编辑文字

输入文字或选择文字后，一些简单属性的更改，如字体、大小等，可以直接在文字工具属性栏中修改，如图7-29所示。如果需要对文字格式进行更多的设置，如字号大小、字体颜色、行距、字符间距、基线偏移、水平/垂直比例和横排竖排转换等，就需要在"字符"面板中进行设置。对于段落文字，文字段落的对齐方式、段落间距、首行缩进和段落间距等属性，则可通过"段落"面板进行设置。

图7-29 文字工具属性栏

7.2.1 课堂案例——制作咖啡店海报

案例目标：打开素材文件，使用文字工具在其中输入单独的文字和段落文字，并通过"字符"面板和"段落"面板对文字进行编辑，效果如图 7-30 所示。

知识要点：文字工具；"字符"面板；"段落"面板。

素材位置：素材＼第 7 章＼咖啡 .jpg。

效果文件：效果＼第 7 章＼咖啡店海报 .ai。

视频教学
制作咖啡店海报

图7-30 完成后的参考效果

具体操作步骤如下。

STEP 01 启动Illustrator CC，选择【文件】/【置入】命令，在打开的对话框中选择"咖啡.jpg"图像文件，单击 置入 按钮将其置入到画面中，单击属性栏中的 嵌入 按钮进行嵌入，如图7-31所示。

STEP 02 选择文字工具，在画面左侧输入文字，然后按【Ctrl+T】组合键，打开"字符"

面板，在字体下拉列表框中设置"字体"为"Times New Roman"，"大小"为218 pt，填充为土黄色（＃AC5F2D），如图7-32所示。

STEP 03 选择修饰文字工具 ，选择字母"C"，将鼠标放到定界框右上方适当放大文字，如图7-33所示。

图7-31　置入图像　　　　图7-32　输入文字并设置格式　　　　图7-33　修饰文字

STEP 04 使用文字工具 在咖啡图像右侧输入文字，并在"字符"面板中设置字体为"黑体"，并填充"西式茶点"为黑色，其他文字为土黄色（＃A86018），如图7-34所示。

STEP 05 选择直线段工具 ，在右侧文字下方绘制一条直线，在工具属性栏中设置颜色为土黄色（＃AC5F2D），"描边粗细"为2 pt，如图7-35所示。

STEP 06 选择文字工具 ，绘制一个文本框，在其中输入英文说明文字，并设置字体为"黑体"，填充为黑色，如图7-36所示。

图7-34　输入并设置文字　　　　图7-35　绘制直线　　　　图7-36　输入段落文字

STEP 07 选择段落文字，选择【窗口】/【文字】/【段落】命令，打开"段落"面板，单击"右对齐"按钮 ，再适当调整段落间距，如图7-37所示。

STEP 08 输入其他文字，设置为右对齐方式，如图7-38所示，完成咖啡店海报的制作。

图7-37　设置段落属性　　　　　图7-38　输入其他文字

7.2.2 设置字符格式

字符格式是指文字的字体、字号、字体颜色、行距、间距等属性。在"字符"面板中可以对这些属性进行更为精确的设置，如设置基线偏移、水平和垂直比例等。其方法为：选择需要设置字符格式的文字，选择【窗口】/【文字】/【字符】命令，或按【Ctrl+T】组合键，打开"字符"面板，单击面板右上角的 ▤ 按钮，在弹出的下拉菜单中选择【显示选项】命令，可完整显示面板，在其中进行设置即可，如图7-39所示。其中各选项含义如下。

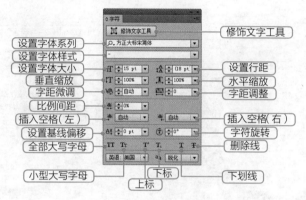

图7-39 "字符"面板

- 设置字体系列和字体样式：选择要更改的字符或文字对象，单击在"字符"面板的"设置字体系列"右侧的 ▼ 按钮，在弹出的下拉列表中可选择一种字体（一部分英文字体包含变体）。单击"设置字体样式"右侧的 ▼ 按钮，在弹出的下拉列表中可选择一种变体样式，包括Regular（规则的）、Italic（斜体）、Bold（粗体）、Bold Italic（粗斜体）等，如图7-40所示。

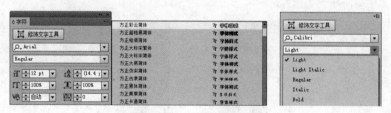

图7-40 设置字体系列和字体样式

- 设置字体大小：通过"字符"面板中的"设置字体大小"文本框可以更改字体的大小，图7-41所示的"字号大小"为80 pt，图7-42所示为缩小字号后的效果。

图7-41 设置字体大小

图7-42 设置字号

- 缩放文字："字符"面板中的"水平缩放"和"垂直缩放"文本框可以设置文字的水平缩放比例和垂直缩放比例。其中"水平缩放"控制文字的宽度，"垂直缩放"控制文字的高度，其参数范围为1%~10 000%。当这两个参数值相同时，可对文字进行等比例缩放。
- 设置行距：文字行与行之间的垂直间距被称为行距，Illustrator中默认的行距为字体大小的120%，如10pt的文字默认使用12 pt的行距。在"字符"面板的"设置行距"文本框中可输入0.1pt~1296 pt之间（增量为0.01 pt）的行距值，或者单击右侧的 ▾ 按钮，在弹出的下拉列表中选择一种常见的行距值来设置行距。图7-43和图7-44所示为两种不同行距效果。

图7-43　行距为11pt

图7-44　行距为21pt

- 字距微调：字距微调是指增加或减少特定字符之间的距离，只有当两个字符之间有一个闪烁的插入点时，才能微调字距。
- 字距调整：字距调整是指放宽或收紧当前选择的所有文字之间的距离。如果要调整部分文字的间距，可以先选择文字，如图7-45所示，再调整该参数。如果选择的是文字对象，则可调整所有文字的间距，如图7-46所示。

图7-45　选择文字

图7-46　设置字符间距为100%

- 设置比例间距：如果要压缩文字间的空白间距，可先选择要设置的文字。在"字符"面板中的"比例间距"文本框中设置百分比，百分比值越大，文字间的空白间距（空格）越窄。
- 设置调整空格：空格是文字前后的空白间隔，正常情况下，文字间应采用固定的空白间隔。如果要在文字之间添加空格，可先选择要调整的文字。然后在"字符"面板的"插入空格（左）"或"插入空格（右）"文本框中设置要添加的空格参数即可，如图7-47所示。
- 设置基线偏移：基线是文字排列时一条不可见的直线。可通过"字符"面板中的"设置基线偏移"文本框来调整基线的位置。其方法为：选择需要设置的字符。在"设置基线偏移"

文本框中输入正数时，可向上移动选择的字符；输入负数时，可向下移动选择的字符，如图7-48所示。

图7-47　选择文字

图7-48　基线偏移-60

● 字符旋转：选择文字或文字对象后，可在"字符"面板中的"字符旋转"文本框中设置文字的旋转角度。在该文本框中输入相应的参数值或单击右侧的按钮▼，在弹出的下拉列表中选择可用的标准旋转角度即可。需要注意的是，该选项是使文字相对于基线旋转，不会更改基线的方向。

● 设置特殊格式：在"字符"面板下方列出了一系列"T"字按钮，通过这些按钮可以为文字添加特殊的格式。如单击"全部大写字母"按钮TT和"小型大写字母"按钮Tr，可以对文字应用常规大写字母和小型大写字母效果，如图7-49和图7-50所示；单击"上标"按钮T¹或"下标"按钮T₁可相对于字体基线上升或降低文字位置并将其缩小，如图7-51和图7-52所示；单击"下画线"按钮T可为文字添加下画线，如图7-53所示；单击"删除线"按钮T则可在文字的中间位置添加删除线，如图7-54所示。

图7-49　全部大写字母

图7-50　小型大写字母

图7-51　上标

图7-52　下标

图7-53　下画线

图7-54　删除线

● 设置语言选项：如果当前语言选择不是英文，可以通过"字符"面板中的"语言"下拉列表框为文字指定语言。先选择文字，然后在"语言"下拉列表框中选择适当的选项，可以为文字指定一种语言，以便拼写检查和生成连字符。Illustrator使用Proximity语言进行拼写检查和连字。每个语言都包含了数十万具有标准音节间隔的单词。

疑难解答 | 如何快速预览字体效果？

在"字符"面板的"设置字体系列"和"设置字体样式"下拉列表上单击，然后按键盘上的【↑】、【↓】方向键，每按一次方向键，可预览一种字体效果。此外，在弹出的下拉列表中，字体名称右侧有不同的图标，这些图标是对应字体的预览样式，可参照图标效果进行字体选择。

7.2.3 设置段落格式

段落格式是指段落的对齐、缩进、间距和悬挂标点等属性。在"段落"面板中可以设置段落格式，如图7-55所示。选择文字对象后，可以设置整个文字的段落格式。如果选择了文字中的一个或多个段落，则可单独设置所选段落的格式。

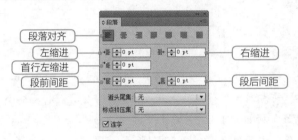

图7-55 "段落"面板

1. 段落对齐方式

"段落"面板中各对齐方式按钮的含义如下。

● 左对齐▉：单击该按钮可使选择的段落文字中各行文字以左边缘对齐，如图7-56所示。

● 居中对齐▉：单击该按钮可使选择的段落文字中各行文字以居中方式对齐，如图7-57所示。

● 右对齐▉：单击该按钮可使选择的段落文字中各行文字以右边缘对齐，如图7-58所示。

● 末行对齐▉▉▉：单击这3个按钮，可使选择的段落文字中末行分别左对齐、居中对齐、右对齐，除末行外的各行文字则两端对齐。

● 全部两端对齐▉：单击该按钮，可使选择的段落文字中各行文字强制两端对齐。

图7-56 左对齐

图7-57 居中对齐

图7-58 右对齐

2. 段落缩进

在"段落缩进"栏中可以设置整个段落的缩进量，其各个按钮的含义如下。

● 左缩进 ：在该选项右侧的文本框中输入正值，表示文字左边界与文字框的距离增大；输入负值则表示文字左边界与文字框的距离缩小，如果负值很大文字可能溢出文字框，如图7-59所示。

● 右缩进 ：在该选项右侧的文本框中输入正值，表示文字右边界与文字框的距离增大；输入负值则表示文字右边界与文字框的距离缩小，如果负值很大时文字可能溢出文字框，如图7-60所示。

● 首行左缩进 ：在该选项右侧的文本框中输入值，用于控制文字段落的首行文字缩进量，其数值一般设置为正值，如图7-61所示。

图7-59　左缩进20　　　　　图7-60　右缩进30　　　　　图7-61　首行左缩进40

● 段前间距 ：在该选项文本框中输入数值，可增加当前选择段落与上一段落的间距，如图7-62所示。

● 段后间距：在该文本框中输入数值，可增加当前选择段落与下一段落的间距，如图7-63所示。

图7-62　段前缩进20　　　　　　　　　图7-63　段后缩进30

3. 段落选项

在"段落"面板中还可以进行一些特殊的段落格式设置，各选项的含义如下。

● 避头尾集：单击该下拉列表框右侧的 按钮，在弹出的下拉列表中选择合适的选项，可设置避免某一符号出现在行首或行末。

● 标点挤压集：单击该下拉列表框右侧的 按钮，在弹出的下拉列表中选择合适的选项，可设置避免标点出现在行首或行末。

● 连字：该复选框只针对英文文字设置。选中该复选框，可在断开的单词间显示连字标记。

7.2.4　在文字中插入特殊符号

在文字内容中加入符号，不仅可以增强文字的排版效果，还可以使图像整体结构更加清晰。Illustrator可以输入各种特殊符号。打开一幅图像，使用文字工具 T 在需要输入特殊符号的位置单击，或者选择需要替换为特殊符号的文字，如图7-64所示；选择【窗口】/【文字】/【字形】命令，打开"字形"面板，如图7-65所示，双击面板中的符号，即可插入选择的符号，如图7-66所示。

图7-64　选择文字

图7-65　"字形"面板

图7-66　插入符号

默认情况下，"字形"面板中显示了当前所选字体下的所有特殊符号。如果想插入其他类型的符号，可在"字形"面板左下角的下拉列表中选择一个字体系列和样式来更改字体，如图7-67所示。同时，在"字形"面板中选择"OpenType"字体时，可在"显示"下拉列表框中选择相应的选项，将面板限制为只显示特定类型的符号，如图7-68所示。

图7-67　更改字体

图7-68　显示特定类型的符号

技巧 在当前文档中选择了字符后，可以在"字形"面板顶部的"显示"下拉列表框中选择"当前所选字体的替代字"选项来显示替代字符。

7.2.5　串接文字

创建段落文字或路径文字时，如果当前输入的文字超过了区域范围，那么，多余的文字将被隐藏。区域边框或路径边缘底部将会出现红色图标，表示有被隐藏的溢流文字。此时，用户可以通过将文字从当前区域串接到另一个区域，或调整区域大小将溢流文字显示出来。

其方法为：使用选择工具 选择有溢流文字的区域，单击红色图标 ，此时，鼠标指针将变为 形状，如图7-69所示。在左侧的空白区域单击，可将溢流文字串接到新的文本框中，如图7-70所示；或单击某个对象，将溢流文字串接到对象中，此外，也可拖动鼠标绘制一个文本框，将溢流的文字导出并串接到绘制的文本框中。

图7-69　选择溢流文字区域

图7-70　串接文字

7.2.6　文本绕排

　　Illustrator具有较好的图文混排功能，可以实现常见的图文混排效果。和文字分栏一样，图文混排的前提是用来混排的文字必须是文字块或区域文字，不能是直接输入的文字和路径文字，否则将无法进行图文混排操作。与文字混排的图形可以是任意形状的图形路径，也可以是置入的位图图像和画笔工具创建的图形对象。

　　选择需绕排的图形对象，如图7-71所示，选择【对象】/【文本绕排】/【建立】命令，即可将文本绕排在对象周围，如图7-72所示。移动文字或对象时，文字的排列形状会随之改变，如图7-73所示。

图7-71　选择对象

图7-72　图文绕排

图7-73　移动对象

技巧　如果要释放文本绕排，选择【对象】/【文本绕排】/【释放】命令即可。

7.2.7　修饰文字

　　使用修饰文字工具▣可以为纯文字创建更加美观和突出的效果。文字的每个字符都可以单独编辑，就像每个字符都是一个独立的对象一样。

　　创建文字后，使用修饰文字工具▣单击需要修改的文字，文字上会出现一个定界框，如图7-74所示，拖动控制点可以对文字进行缩放，如图7-75所示；也可以对文字进行移动、拉伸或旋转等操作，如图7-76所示。

图7-74　选择文字　　　　　　　　图7-75　缩放文字　　　　　　　　图7-76　旋转文字

技巧 输入文字后，如果需要对文字进行形状编辑，可以选择【文字】/【创建轮廓】命令，将文字转换为轮廓，然后对锚点进行删除、添加或移动从而设计出更丰富漂亮的字形。

课堂练习 ——制作艺术文字

本练习将先使用文字工具 **T** 输入文字，设置字体为"黑体"，然后选择【文字】/【创建轮廓】命令创建轮廓，再结合直接选择工具 ▶ 和钢笔工具 ✒ 对形状进行编辑，最后打开"春色.jpg"图像文件（素材所在位置：素材＼第7章＼课堂练习＼春色.jpg），将文字放到背景图像中，完成后的效果如图7-77所示（效果所在位置：效果＼第7章＼课堂练习＼艺术文字.ai）。

图7-77　实例效果

7.3 创建与编辑图表

图表可以直观地反映各种统计数据的比较结果，在实际工作中的应用也较为广泛。下面将详细介绍图表的创建和编辑方法。

7.3.1 课堂案例——制作立体图表

案例目标：为图表中的各版块填充不同的颜色，并为其添加投影效果，让图表更具立体感，效果如图 7-78 所示。

知识要点：创建图表；填充图表；饼图工具。

效果文件：效果＼第 7 章＼立体图表 .ai。

视频教学
制作立体图表

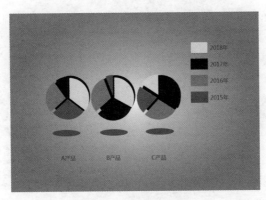

图7-78　完成后的效果

具体操作步骤如下。

STEP 01　新建一个图像文件，使用矩形工具 绘制一个矩形，设置为灰色渐变填充。然后选择饼图工具 ，按住鼠标左键拖动，绘制出一个圆形，同时打开"图表"对话框，如图7-79所示。

STEP 02　在对话框中输入各种数据内容，创建出饼形图表，如图7-80所示。

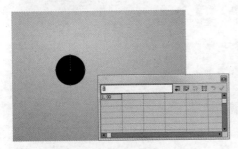

图7-79　绘制圆形

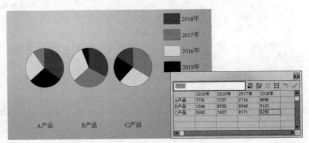

图7-80　输入数据

STEP 03　选择椭圆形工具 ，在每个圆形下方绘制一个椭圆形，填充为灰色（#DCDCDD），轮廓为无，如图7-81所示。

STEP 04　在工具属性栏中单击"样式"下拉列表框左侧的 按钮，在弹出的列表框中单击 图标，取消图表描边，如图7-82所示。

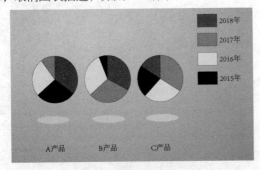

图7-81　绘制并填充椭圆

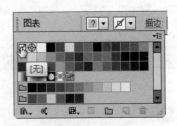

图7-82　取消描边

STEP 05　使用直接选择工具 分别选择饼图上的白色区域，在"色板"面板中选择"CMYK

蓝色"选项，效果如图7-83所示。使用相同的方法为饼图的其他区域分别填充不同的颜色，效果如图7-84所示。

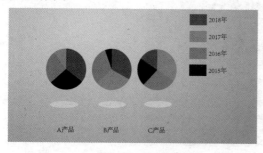

图7-83　填充颜色

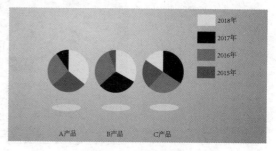

图7-84　填充颜色

STEP 06 双击饼图工具 ，打开"图表类型"对话框，选中"添加投影"复选框，单击 确定 按钮，如图7-85所示。返回画面中，即可看到添加投影的效果，如图7-86所示。

图7-85　设置图表类型

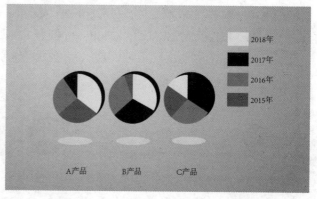

图7-86　添加投影

STEP 07 使用直接选择工具 分别选择文字，然后在工具属性栏中设置"字体"为"微软雅黑"，"字体大小"为18 pt，颜色为红色（#C30D22），如图7-87所示。使用直接选择工具 选择饼图中的每个图形，然后按【↑】或【↓】键微移其位置，得到图7-88所示的图表效果。

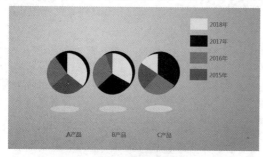

图7-87　设置字体

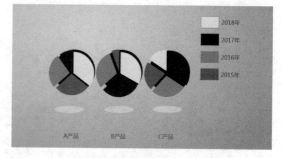

图7-88　移动图形

STEP 08 选择灰色背景，使用渐变工具 对其应用径向渐变填充，设置颜色为从蓝色（#2DA7E0）到白色，如图7-89所示。

STEP 09 分别选择每一个饼形图表下方的椭圆形投影，将其填充为深蓝色（#2B7EB0），得到图7-90所示的图表效果。

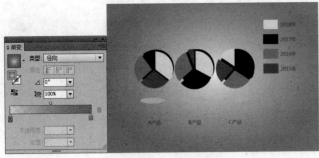

图7-89 设置背景颜色

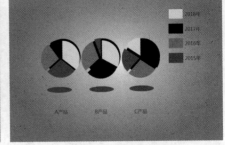

图7-90 设置投影颜色

7.3.2 认识图表工具

Illustrator中共有9种图表工具，可以建立9种不同的图表。每种图表都有其自身的特点，用户可以根据不同需要来选择相应的图表工具，创建相应的图表。图表工具组如图7-91所示。下面对图表工具组中的9种工具及其所建立的图表进行简单介绍。

- 柱状图工具：使用该工具可以创建最基本的图表，其表示方法是以坐标轴的方式逐栏显示输入的所有资料，柱的高度代表所比较数值的大小。柱状图表最大的优点是：在图表上可以直接显示不同形式的统计数值，如图7-92所示。

图7-91 图表工具组

- 堆积柱形图工具：使用该工具可以创建类似于"柱状图表"的图表，不同之处是：所要比较的数值是叠加在一起的，而不是并排放置，此类图表一般用来反映部分与整体的关系，如图7-93所示。
- 条形图工具：使用该工具可以创建和"柱状图表"本质一样的图表，但它在水平坐标轴上进行资料比较，用横条的长度代表数值的大小，如图7-94所示。

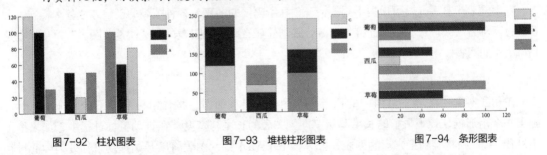

图7-92 柱状图表　　　　　　图7-93 堆栈柱形图表　　　　　　图7-94 条形图表

- 堆积条形图工具：使用该工具可以创建与"条形图表"类似的图表，不同之处是：所要比较的数值将叠加在一起，如图7-95所示。
- 折线图工具：使用该工具可以创建点来表示一组或者多组资料，并用折线将代表同一组资料的所有点连接，不同组的折线颜色不相同，如图7-96所示。用此类型的图表来表示资料，便于表现资料的变化趋势。
- 面积图工具：使用该工具可以创建与"折线图表"类似的图表，只是在折线与水平坐标之间的区域填充不同的颜色，便于比较整体数值上的变化，如图7-97所示。

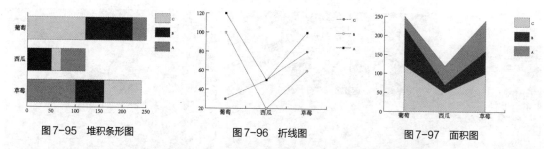

图7-95 堆积条形图　　　　图7-96 折线图　　　　图7-97 面积图

- 散点图工具：使用该工具创建的图以x轴和y轴为数据坐标轴，在两组资料的一一对应处形成坐标点，并通过直线将这些点连接在一起，从而形成图线。散点图可以反映数据的变化趋势，如图7-98所示。
- 饼图工具：使用该工具创建的图以圆形中的每个扇形表示一组数据，如图7-99所示。在饼形图上，可以使用直接选择工具 ▶，选择其中的一个扇形，将其拉出图以达到加强效果的目的。
- 雷达图工具：使用该工具可以创建以环形方式显示各组数据的对比情况的图，如图7-100所示。雷达图和其他图不同，它常用作科学研究中的资料表现形式。

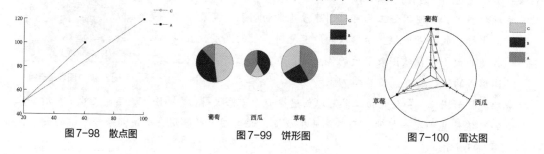

图7-98 散点图　　　　图7-99 饼形图　　　　图7-100 雷达图

7.3.3 创建图表并输入数据

了解图表工具后，就可根据不同的情况创建所需要的图表。各种图表的创建方法基本相同，主要通过两种方法来创建，一是通过拖动鼠标来创建任意大小的图表，二是通过"图表"对话框创建精确大小的图表。

1. 创建任意大小的图表

单击工具箱中图表工具组中的任意一个图表工具按钮后，按住鼠标左键不放，拖动鼠标，画出一个矩形框，该矩形框的长度和宽度即为图表的长度与宽度。在拖动鼠标过程中，如果按下【Shift】键，则将绘制正方形的图表；如果按下【Alt】键，图表将以开始拖动鼠标处为中心进行绘制。

释放鼠标将自动创建一个默认效果的图表，并打开图7-101所示的图表数据输入框，在其中的各个单元格中输入图表需要的数据，输入方法和要求与Excel中的图表相同，比较简单、直观。输入数据后，图表将发生对应的变化。除此之外，在图表数据输入框中还可以通过上方的按钮对输入的数据进行编辑，各按钮的作用分别如下。

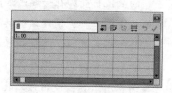

图7-101 图表数据输入框

● 单击左上角单元格，再单击"导入数据"按钮█，选择文本文件，即可导入数据文本文件。

● 如果将行和列的数据输反了，可以单击"换位"按钮█，切换行和列的数据。

● 要切换散点图的x轴和y轴，单击"切换x/y"按钮█即可。

● 单击"应用"按钮█，或按【Enter】键，可以重新生成图表。

2. 输入精确数值创建图表

当需要精确地创建图表时，可以使用"图表"对话框进行精确创建。操作方法：首先选择需要创建的图表对应的图表工具按钮，然后在画面中任意位置单击鼠标左键，打开"图表"对话框，如图7-102所示。直接在该对话框的"宽度"和"高度"文本框中分别输入需要创建的图表大小的数值，然后单击 确定 按钮，打开图表数据输入框。

在打开的图表数据输入框中根据需要输入图表资料，输入完成后即可得到相应的图表，如图7-103所示。

图7-102 "图表"对话框

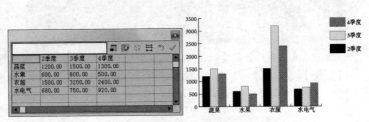

图7-103 输入图表资料及所得图表

7.3.4 输入图表数据

图表资料的输入是创建图表过程中特别重要的一环，使用图表工具绘制图表后，图表数据输入框会自动显示。还可以选择【对象】/【图表】/【数据】命令打开图表数据输入框。除非将图表数据输入框关闭，否则该输入框始终保持打开状态。在图表数据输入框中间的单元格中可以输入图表需要的数据。

7.3.5 定义坐标轴

除了饼形图，其他类型的图都有一条数值坐标轴。在"图表类型"对话框中，可以选择在图的一侧或两侧显示数值坐标轴。条形图、堆积条形图、柱形图、堆积柱形图、折线图和面积图还有定义数据类别的类别轴。我们可以根据实际需要确定每条坐标轴上显示多少个刻度线，也可以改变刻度线的长度，并将前缀和后缀添加到坐标轴上的数字的相应位置。

定义坐标轴的方法：选择图，选择【对象】/【图表】/【类型】命令或双击工具箱中的图表工具，打开"图表类型"对话框，在"数值轴"下拉列表中可以更改数值轴的位置，如图7-104所示。在"图表类型"对话框左上方下拉列表中选择"数值轴"选项，可以设置刻度线和标签的格式，如图7-105所示。其中，"刻度值"主要用于确定各数值轴上刻度线的位置；"刻度线"用于确定刻度线的长度和刻度线的数量；"添加标签"用于确定各轴上的数字的前缀和后缀，如可以将美元符号或百分号添加到数值轴。

图7-104 "图表类型"对话框

图7-105 设置数值轴

疑难解答 | 如何修改图表类型？

如果要修改已经创建的图表类型，首先需要使用选择工具 选择图表，然后选择【对象】/【图表】/【类型】命令或双击工具箱中的图表工具，在打开的"图表类型"对话框中选择所需图表类型相应的按钮，然后单击 确定 按钮即可。

7.3.6 自定义图表

图表绘制完成后，其颜色默认以灰度模式显示。为了使图表美观、生动，可以为各元素填充其他模式的颜色、渐变色和图案等。

1. 修改文字效果

如果需要更改图表中文字的颜色、字体、大小等属性，首先需用直接选择工具 或编组选择工具 在图表中选择要修改的文字，按【Shift】键的同时选择多个文字，如图7-106所示，然后在"字符""段落""色板"等面板中进行设置即可同步更改文字的属性，如图7-107所示。

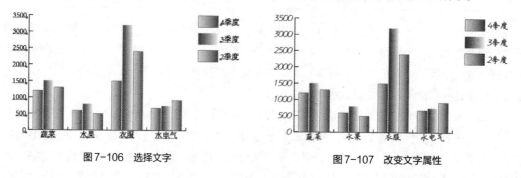

图7-106 选择文字　　　　　　　　　　　图7-107 改变文字属性

2. 修改填充效果

填充效果是图表的一个重要外观因素，可根据图表的使用场合为图表设置颜色填充和自定义图案填充。

（1）颜色填充

使用工具箱中的选择工具 、直接选择工具 或编组选择工具 ，在图表中选择需要填充的图表对象，然后在"渐变"或"色板"面板中单击指定的渐变色或填充图案即可。图7-108所示为使用彩色填充的效果，图7-109所示为使用渐变色填充的效果。

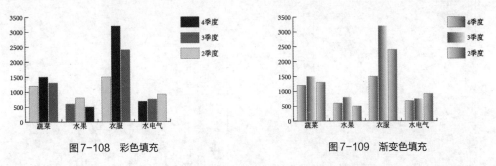

图7-108　彩色填充　　　　　　　　　　图7-109　渐变色填充

> **技巧** 一旦使用渐变方式对图表对象填充颜色后，更改图表类型就会导致意外的结果。为了防止这种情况发生，需要在图表结束前应用渐变色填充，或使用直接选择工具 选择需渐变上色的对象，并用印刷色给这些对象上色，然后重新应用原始渐变色填充。

（2）自定义图案填充

不仅可以使用单纯的颜色或柱状矩形等来表示图表，还可以使用自定义图案来表现，从而使图表具有鲜明的个性和特点。

如果要创建形象化、个性化的图表，可以创建并应用自定义图案来标记图表中的信息。用来标记图表信息的图案可以是由简单的图形或路径组成，也可以包含图案、文字等复杂的图形操作对象。为图表创建自定义图案的方法：在画面中绘制图形，使用选择工具 选中绘制的图形，选择【对象】/【图表】/【设计】命令，打开图7-110所示的"图表设计"对话框，单击 新建设计(N) 按钮，最后单击 确定 按钮即可。

图7-110　"图表设计"对话框

"图表设计"对话框中主要按钮的含义分别如下。

● 新建设计：单击 新建设计(N) 按钮，可将当前选择的对象创建为一个新的设计图案。

● 删除设计：单击 删除设计(D) 按钮，可以在对话框中删除当前选择的设计。

● 重命名：单击 重命名(R) 按钮，系统将打开"重命名"对话框，在"重命名"对话框的"名称"选项右侧的文本框中可重新定义当前设计的名称。

● 粘贴设计：单击 粘贴设计(P) 按钮，可以将选择的设计粘贴到画面中。

● 选择未使用的设计：单击 选择未使用的设计(S) 按钮，将在对话框中选择除当前已选择设计外的所有设计。

定义好图表图案后，使用编组选择工具 逐一选择相同颜色的图表列为一组，选择【对象】/【图表】/【柱形图】命令，打开"图表列"对话框。在"选取列设计"列表框中选择之前所定义的图案名称，在"列类型"下拉列表框中选择"局部缩放"选项，如图7-111所示，单击 确定 按钮。接着，分别选择其他相同颜色的图表柱，打开"图表列"对话框选择相应的图形，得到图7-112所示的图表效果。

图7-111 "图表列"对话框

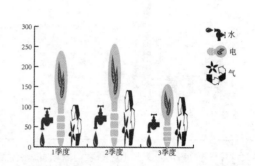

图7-112 添加图案效果

课堂练习——制作卡通图例

本练习将先绘制一个柱形图，然后打开"卡通人物.ai"（素材所在位置：素材＼第7章＼课堂练习＼卡通人物.ai），通过自定义图案将人物应用于柱形图中，完成后的效果如图7-113所示（效果所在位置：效果＼第7章＼课堂练习＼卡通图例.ai）。

图7-113 实例效果

7.4 上机实训——制作斑驳文字

7.4.1 实训要求

本次上机实训首先需要选择合适的字体，然后给文字添加图案，并应用特殊效果，得到艺术文字效果。

7.4.2 实训分析

本实训将使用文本工具输入文字，然后为文字应用内发光样式，再复制文字，为复制的文字添加合适的图案，最后制作文字投影效果。本实训的参考效果如图7-114所示。

素材所在位置： 素材 \ 第7章 \ 上机实训 \ 金属背景.ai。

效果所在位置： 效果 \ 第7章 \ 上机实训 \ 制作斑驳文字.ai。

图7-114　完成后的效果

7.4.3　操作思路

本实训需要完成的主要操作包括输入文字、设置效果、添加图案3大步操作，操作思路如图7-115所示，涉及的知识点主要包括文本工具、【内发光】命令等。

图7-115　操作思路

【步骤提示】

STEP 01 打开"金属背景.ai"素材文件。使用文字工具 **T** 在图像窗口中输入文字"Smile"，并在工具属性栏中设置字体为"华文琥珀"，"字体大小"为100 pt。

STEP 02 打开"色板"面板，在其中单击白色色块，为文字填充白色。选择【效果】/【风格化】/【内发光】命令，打开"内发光"对话框，设置"模式"为"正片叠底"，再单击右侧的色块，在打开的"拾色器"对话框中设置颜色为黄色（#F5A517），再适当设置内发光参数。

STEP 03 按【Ctrl+C】组合键和【Ctrl+F】组合键，在原位复制一个相同的文字效果。在"色板"面板中单击"美洲虎"色块，为其添加图案。

STEP 04 返回图像窗口，可看到文字添加图案的效果。再按【Ctrl+[】组合键将其后移一层，选择顶层的文字，在工具属性栏中设置"不透明度"为"50%"。

STEP 05 继续保持文字对象的选中状态，单击工具箱中的☑图标，为文字描边，并在"色板"面板中选择描边所需要的颜色。

STEP 06 使用选择工具▶选择底层的图案文字，选择【效果】/【风格化】/【投影】命令，打开"投影"对话框，设置"不透明度"为80%，"x位移"和"y位移"均设置为0.01 cm，设置

"模糊"为0.08 cm，选中"颜色"单选项，并设置"颜色"为"黑色"，单击 确定 按钮，可看到添加投影后的效果。

7.5 课后练习

1. 练习1——*制作啤酒瓶盖*

本练习将制作啤酒瓶盖上的圆弧文字。首先选择需要输入文字的路径，使用路径文字工具 在其中输入文字，完善啤酒瓶盖，再对文字进行编辑，完成后的参考效果如图7-116所示。

素材所在位置：素材 \ 第7章 \ 课后练习 \ 瓶盖.ai。

效果所在位置：效果 \ 第7章 \ 课后练习 \ 啤酒瓶盖.ai。

图7-116 完成后的效果

2. 练习2——*制作成绩统计表*

本练习将使用图表工具制作一个成绩统计表。首先使用条形图工具绘制一个基本表格形状，然后在图表数据输入框中输入成绩和名称等信息，制作统计表，再分别选择表中的方框，填充颜色。完成后的参考效果如图7-117所示。

效果所在位置：效果 \ 第7章 \ 课后练习 \ 成绩统计表.ai。

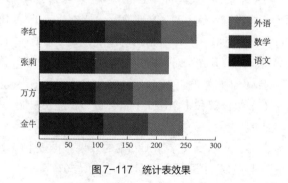

图7-117 统计表效果

第8章

快速更改图形外观效果

Illustrator CC可以通过"效果"菜单为图形添加多种多样的特殊效果，这些效果都显示在"外观"面板中。"外观"面板是使用外观属性的必要入口，该面板中还显示了已应用于对象、组或图层的填充、描边、图形样式及效果。本章将详细介绍"图形样式"和"外观"面板的应用，帮助用户快速掌握图形外观效果的更改方法。

📡 课堂学习目标

- 掌握图形样式的编辑和应用
- 掌握外观的编辑和应用
- 掌握效果的编辑和应用

▶ 课堂案例展示

凹凸按钮

雨天意境图

8.1 图形样式的编辑与应用

图形样式是一组可以反复使用的外观属性。使用图形样式不仅可以快速更改对象的外观、颜色和透明度，还可以在一个步骤中应用多种效果，并且所有应用了图形样式的对象都可以恢复原样。下面先绘制一个凹凸按钮，然后讲解图形样式的编辑与应用方法。

8.1.1 课堂案例——制作凹凸按钮

案例目标：打开素材文件，在"图形样式"面板中为其添加按钮效果，然后制作投影，并添加背景素材图形，效果如图 8-1 所示。

知识要点："图形样式"面板；钢笔工具；圆角矩形工具。

素材位置：素材 \ 第 8 章 \ 圆形爱心 .ai、红色背景 .jpg。

效果文件：效果 \ 第 8 章 \ 凹凸按钮 .ai。

视频教学
制作凹凸按钮

图 8-1　完成后的效果

具体操作步骤如下。

STEP 01 打开"圆形爱心.ai"素材文件，使用选择工具 选择橙色背景，如图8-2所示。按【Shift+F5】组合键打开"图形样式"面板，单击面板下方的"图形样式库菜单"按钮 ，在弹出的下拉菜单中选择【按钮和翻转效果】命令，图8-3所示。

图 8-2　选择背景图形

图 8-3　图形样式库

STEP 02 在打开的面板中选择"闪光按钮—正常"样式，如图8-4所示，为图形添加该样式，添加该样式后的图形效果如图8-5所示。

STEP 03 选择【效果】/【风格化】/【投影】命令，打开"投影"对话框，在其中按照图8-6所示进行参数设置。单击 确定 按钮，返回图像窗口中即可看到当前图形样式的效果，如图8-7所示。

STEP 04 导入"红色背景.jpg"素材文件，适当调整图像大小，按【Shift + Ctrl+[】组合键将其放到最底层，得到图8-8所示的效果，完成本实例的制作。

图8-4　选择样式

图8-5　图形效果

图8-6　设置投影

图8-7　投影效果

图8-8　添加素材

8.1.2 "图形样式"面板

选择【窗口】/【图形样式】命令或按【Shift+F5】组合键，打开"图形样式"面板，如图8-9所示，在其中可以创建、命名和应用外观属性集。在页面中选择要应用样式的对象，直接在"图形样式"面板中单击需要的样式即可为对象设置样式。将一个样式添加到选择的对象上后，当前的样式将取代对象原有的样式或外观属性。图8-10所示为原图形效果，图8-11所示为应用样式后的效果。

图8-9　"图形样式"面板

图8-10　原图形效果

图8-11　应用图形样式后的效果

8.1.3 创建图形样式

创建图形样式有两种方法：一种是通过为对象应用外观属性从头开始创建图形样式；另外一种是基于其他多个图形样式合并创建新的图形样式。

1. 通过外观属性创建图形样式

选择要进行外观编辑的对象，如图8-12所示，在"外观"面板中进行相应的设置。打开"图形样式"面板，单击面板下方的"新建图形样式"按钮 ，可以直接新建图形样式；单击面板右上角的 按钮，在弹出的下拉菜单中选择【新建图形样式】命令，如图8-13所示，打开"图形样式选项"对话框，在文本框中输入样式名称，然后单击 确定 按钮，同样可以创建新的图形样式，如图8-14所示。

  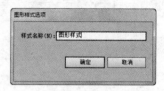

图8-12　选择图形　　　　图8-13　选择【新建图形样式】命令　　　　图8-14　设置样式名称

2. 通过合并其他样式创建新的图形样式

如果需要创建的图形样式是现在多个图形样式的特点之和，则可用合并图形样式的方法进行创建。操作方法：在"图形样式"面板中按【Ctrl】键的同时，选择需要合并的多个图形样式，单击"图形样式"面板右上角的 按钮，在弹出的下拉菜单中选择【合并图形样式】命令，如图8-15所示。打开"图层样式选项"对话框，设置合并后的图形样式名称，单击 确定 按钮，即可将合并的新样式添加到面板列表末尾，如图8-16所示。

 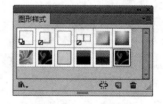

图8-15　选择命令　　　　　　　　　图8-16　合并后的新样式

8.1.4 删除和复制图形样式

在"图形样式"面板中，可以对图形样式进行删除和复制，下面分别介绍删除图形样式和复制图形样式的操作方法。

- 删除图形样式：选择"图形样式"面板中需要删除的样式，在面板菜单中选择【删除图形样式】命令，或将样式拖至面板底部的 按钮上，即可删除该样式。
- 复制图形样式：打开"图形样式"面板，在面板菜单中选择【复制图形样式】命令，如图8-17所示，或将图形样式拖至"新建图形样式"按钮 上。复制的图形样式将显示在面板末尾处，如图8-18所示。

图8-17 选择【复制图形样式】命令

图8-18 复制的图形样式

8.1.5 图形样式库

图形样式库是一组预设的图形样式集合，Illustrator CC自带了多个图形样式库，这些图形样式库可方便人们对图形进行编辑。打开图形样式库的方法主要有以下两种。

- 选择【窗口】/【图形样式库】命令，在弹出的子菜单中选择相应的样式库命令。
- 打开"图形样式"面板，单击底部的"图形样式库菜单"按钮 ，在弹出的下拉菜单中可以选择一个图形样式库命令，如图8-19所示。

打开相应的图形样式库面板，中间的列表框中显示了当前样式库中的所有图形样式，单击一个图形样式图案即可为选择的图形添加该样式，如图8-20所示。

图8-19 选择命令

图8-20 为图形添加图形样式

课堂练习——制作特殊文字

利用图形样式可以制作特殊的文字效果。打开"金属背景.ai"素材文件（素材所在位置：素材\第8章\课堂练习\金属背景.ai），在其中输入文字，为文字添加"闪光按钮-正常"图形样式，再为文字添加投影，效果如图8-21所示（效果所在位置：效果\第8章\课堂练习\特殊文字.ai）。

图8-21 特殊文字效果

8.2 外观与效果的应用

在Illustrator CC中，外观是在不改变对象基础结构的前提下影响对象外观的一种属性，如填色、描边、透明度和各种效果等。而效果则可以修改对象的外观，Illustrator CC中的效果包括Illustrator效果和Photoshop效果两种类型。

8.2.1 课堂案例——制作棒棒糖

案例目标：首先制作彩色符号，然后通过"绕转"功能制作棒棒糖的立体图形效果，并将彩色符号贴到圆球中，效果如图8-22所示。

知识要点：矩形工具；"符号"面板；"外观"面板；3D效果中的【绕转】命令。

效果文件：效果\第8章\棒棒糖.ai。

视频教学
制作棒棒糖

图8-22　棒棒糖效果

具体操作步骤如下。

STEP 01　在工具箱中选择矩形工具 ▢ ，绘制一个矩形，填充颜色为淡黄色（#F5E789），轮廓线为"无"，如图8-23所示。

STEP 02　选择矩形，按住【Alt+Shift】组合键水平向右移动，复制出一组矩形，并为这组矩形设置不同的颜色，如图8-24所示。

STEP 03　选择【窗口】/【符号】命令，打开"符号"面板，选择该组矩形，将其拖至"符号"面板中，系统将自动打开"符号选项"对话框，设置符号的名称为"彩条"，如图8-25所示。

图8-23　绘制矩形　　　　图8-24　复制矩形并修改矩形颜色

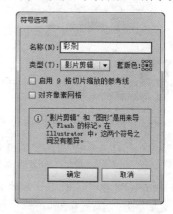

图8-25　"符号选项"对话框

STEP 04　单击 确定 按钮，即可在"符号"面板中创建符号，如图8-26所示。

STEP 05　分别使用矩形工具 ▢ 和椭圆形工具 ⬭ ，绘制一个矩形和一个圆形，如图8-27所示。

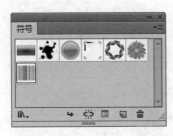

图 8-26　创建符号

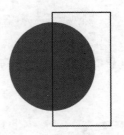

图 8-27　绘制对象

STEP 06 选择矩形和圆形，打开"路径查找器"面板，单击"减去顶层"按钮，得到一个半圆形，如图8-28所示。

STEP 07 选择【效果】/【3D】/【绕转】命令，如图8-29所示。

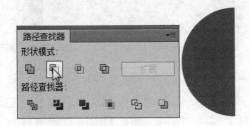

图 8-28　修剪对象

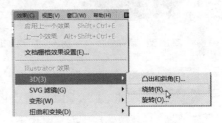

图 8-29　选择命令

STEP 08 打开"3D绕转选项"对话框，单击 更多选项(O) 按钮显示"更多选项"，设置各选项参数，如图8-30所示。

STEP 09 单击 贴图(M)... 按钮，打开"贴图"对话框，在"符号"下拉列表中选择"彩条"选项，如图8-31所示。

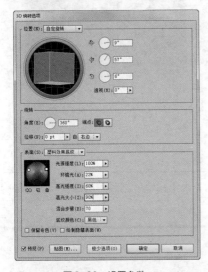

图 8-30　设置参数

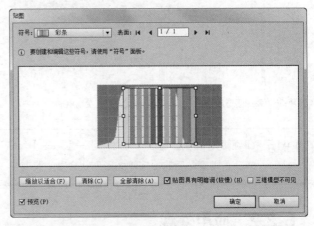

图 8-31　贴图

STEP 10 单击 确定 按钮，即可得到球形贴图效果，如图8-32所示。

STEP 11 使用矩形工具 绘制一个灰色矩形，轮廓线为"无"，如图8-33所示。

STEP **12** 在"外观"面板中单击"添加新效果"按钮 *fx.*，在弹出的下拉菜单中选择【3D】/【绕转】命令，打开"3D绕转选项"对话框，设置各选项参数，如图8-34所示。

STEP **13** 单击 确定 按钮，得到圆柱图形，如图8-35所示。

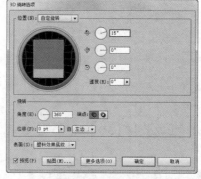

图8-32 彩球图形　　　图8-33 绘制矩形　　　　　　图8-34 设置参数　　　　　　　　图8-35 圆柱图形

STEP **14** 适当调整彩球和圆柱图形的角度与大小，将它们组合在一起，如图8-36所示。

STEP **15** 使用矩形工具 绘制一个矩形，填充任意颜色，然后打开"图形样式"面板，选择"艺术效果"图形样式库中的"RGB水彩"样式，得到水彩图形背景，如图8-37所示。

STEP **16** 将组合后所得的棒棒糖图形放到背景图像中，复制一次对象并将复制所得对象适当旋转，完成本实例的制作，效果如图8-38所示。

图8-36 彩球图形　　　　　　图8-37 绘制矩形　　　　　　　　图8-38 复制对象

⊚ **提示** 在旋转棒棒糖图形时，需要先选择【对象】/【扩展外观】命令，之后对棒棒糖图形进行旋转，否则旋转后的棒棒糖图形形状会发生改变。

8.2.2 应用外观

为对象应用外观离不开"外观"面板，在"外观"面板中既可以为对象编辑外观属性，又可以为对象添加效果。

1. 认识"外观"面板

选择【窗口】/【外观】命令，可以打开"外观"面板来查看和调整对象，如图8-39所示。如果在打开"外观"面板之前，在当前的图像窗口中已经选择了相应的对象，则打开的"外观"面板形态会根据当前选择对象的不同而有所区别。

图8-39 "外观"面板

"外观"面板中各选项的含义分别如下。

● 所选对象缩览图：用于显示当前选择对象的缩览图，其右侧的名称表示当前选择对象的类型，如路径、文字、图层等。

● 描边：显示并可修改对象的描边属性，包括描边的颜色、宽度和类型。

● 填色：显示并可修改对象的填充内容。

● 不透明度：显示并可修改对象的不透明度和混合模式。

● 眼睛图标：单击◉图标，可隐藏或重新显示效果。

● 添加新描边：单击□按钮，可以为对象增加一个描边属性。

● 添加新填色：单击■按钮，可以为对象增加一个填色属性。

● 添加新效果：单击fx按钮，可在弹出的下拉菜单中选择一个效果。

● 清除外观：单击◌按钮，可清除所选对象的外观。

● 复制所选项目：选择面板中的一个项目后，单击按钮可复制该项目。

● 删除所选项目：选择面板中的一个项目后，单击🗑按钮，可删除该项目。

2. 调整外观属性顺序

更改"外观"面板中属性的层次能够影响当前对象的显示效果。具体操作方法：在需要调整的外观属性上按住鼠标左键向上或向下拖动，可以调整外观属性的堆叠顺序，同时更改对象的效果。图8-40所示的图形描边应用了"投影"效果，将"投影"属性拖至"填色"属性上方，图形的外观即发生变化，如图8-41所示。

图8-40 调整外观属性

图8-41 调整后的效果

3. 添加和编辑外观属性

在Illustrator CC中，可以为对象添加描边、填充色及特定效果。添加效果后，若对效果不满意，可双击想编辑的对象，对其外观属性进行修改。

（1）添加和编辑基本外观属性

基本外观属性指对象的描边、填充色等基本的外观组成要素。不管是描边还是填充色，添加和编辑的方法基本相同。以添加填充色为例：打开"外观"面板，单击右上角的 ■ 按钮，在弹出的下拉菜单中选择【添加新填色】命令，如图8-42所示，将在"外观"面板中添加一个新填充属性，单击该属性"填色"右侧的下拉按钮 ▼，在弹出的列表中选择"白色"选项，如图8-43所示。如需使用该外观属性，可选择任何一个图形对象，再选择该外观属性，即可为其应用外观效果，图8-44所示为应用白色填充效果的文字。

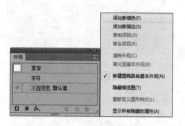 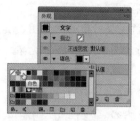 

图8-42　添加新填色　　　　图8-43　设置填充色　　　　图8-44　应用外观效果

（2）添加和编辑特定效果

选择需要添加外观属性的对象，如图8-45所示，在"外观"面板中选择相应的填充或描边选项，单击"添加新效果"按钮 fx.，在弹出的菜单中选择某一效果命令，如图8-46所示，在弹出的相应效果对话框中进行参数设置后，单击 确定 按钮，即可为相应属性添加效果，如图8-47所示。

 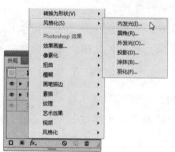 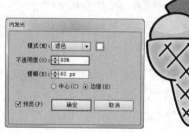

图8-45　选择对象　　　　图8-46　选择新效果　　　　图8-47　添加效果

4. 复制外观属性

复制外观属性即将一个对象的外观属性应用到另一个对象上，其常用方法有两种，一是使用吸管复制外观属性，二是通过拖动复制外观属性，下面分别进行介绍。

（1）使用吸管复制外观属性

选择想要更改其属性的对象，选择吸管工具 ，将吸管工具移至要进行属性取样的对象上。单击鼠标对所有外观属性取样，如图8-48所示，即可将取样对象的外观属性应用于所选对象上，如图8-49所示。

（2）通过拖动复制外观属性

选择需要复制的对象，将"外观"面板顶部的缩览图拖至另外一个对象上，如图

图8-48　使用吸管工具取样　　　　图8-49　应用外观属性

8-50所示，即可将所选图形的外观属性复制给目标对象，如图8-51所示。

图8-50　复制外观属性　　　　　　　　　　图8-51　复制得到的外观属性

5. 隐藏外观属性

在Illustrator CC中可以快速更改外观属性的显示或隐藏状态。当需要隐藏某一外观属性时，在"外观"面板中单击属性前的眼睛图标，即可隐藏该属性；如果要重新将其显示出来，再次在眼睛图标处单击即可；如果要将所有隐藏的属性重新显示出来，可以单击"外观"面板右上方的按钮，在弹出的下拉菜单中选择【显示所有隐藏的属性】命令，即可显示所有隐藏属性，如图8-52所示。

6. 删除外观属性

如果要删除一种外观属性，可在"外观"面板中选择需要删除的外观属性，然后单击底部的"删除所选项目"按钮即可；或将选择的外观属性拖至"删除所选项目"按钮上，释放鼠标后，也可将其删除，如图8-53所示。

图8-52　显示所有隐藏的属性　　　　　　　　图8-53　删除外观属性

另外，若要删除填色和描边之外的所有外观属性，可单击"外观"面板右上角的按钮，在弹出的下拉菜单中选择【简化至基本外观】命令。如果要删除所有外观属性，使对象变为无填色、无描边效果，可单击"外观"面板底部的"清除外观"按钮。

8.2.3　认识【效果】命令

Illustrator CC中含有多种效果，主要分为Illustrator效果和Photoshop效果两种类型。Illustrator效果主要用于矢量对象，位于"效果"菜单上半部分，但是3D效果、SVG滤镜效果、变形效果、变换效果以及投影、羽化、内发光和外发光效果也可应用于位图对象。"效果"菜单下半部分是栅格效果，也就是Photoshop效果，该类效果既可以应用于位图对象，又可以应用于矢量对象。

在为对象应用某一个【效果】命令后，"效果"菜单的顶部将会显示该效果的名称。如应用"投影"效果后，"效果"菜单顶部会显示【应用"投影"】和【投影】两个命令，如图8-54所

示。此时，如果选择【效果】/【应用"投影"】命令，则可再次为对象应用相同的投影效果；如果
选择【效果】/【投影】命令，则可再次应用上次使用的效果，并可修改对应的参数设置。

除了通过命令选择效果，还可以在"外观"面板中选择效果。在"外观"面板中选择效果的操
作方法：单击"外观"面板中的 **fx.** 按钮，在弹出的菜单中列出了各种效果命令，选择任意一种即可
为当前对象应用该效果，如图8-55所示。

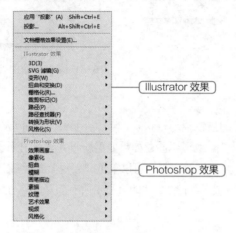

图8-54 "效果"菜单

图8-55 在"外观"面板中打开菜单

8.2.4 "3D"效果组

3D效果可以从二维 (2D) 图稿创建三维 (3D) 对象。用户可以通过高光、阴影、旋转和其他属性
来控制3D对象的外观，还可以将图稿贴到3D对象中的每一个表面上，下面对"3D"效果组中的各
种效果进行详细讲解。

1. 凸出和斜角

"凸出和斜角"效果可以通过挤压平面对象的方法，为平面对象增加厚度，从而创建立体对
象。选择对象，如图8-56所示，选择【效果】/【3D】/【凸出和斜角】命令，打开"3D凸出和斜角
选项"对话框，如图8-57所示，可以通过设置位置、透视、凸出厚度、端点、斜角、高度等选项，
来创建具有凸出和斜角效果的逼真立体图形，如图8-58所示。

图8-56 选择对象

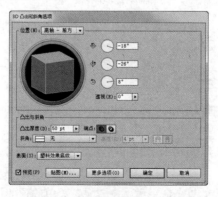

图8-57 "3D凸出和斜角选项"对话框

图8-58 立体效果

"3D凸出和斜角选项"对话框中各选项的含义分别如下。

- 位置：在该下拉列表中可选择一个预设的旋转角度。拖动左上角预览窗口中的立方体可以自由调整角度，如图8-59所示。如果要使用精确的角度旋转，可在指定绕x轴旋转、指定绕y轴旋转和指定绕z轴旋转右侧的文本框中输入角度，如图8-60所示。

图8-59　拖动立方体调整凸出　　　　　　　　图8-60　输入数值设置凸出

- 透视：在右侧的文本框中输入数值，或单击▶按钮，移动显示的滑块可调整透视效果。应用透视可使立体效果呈现空间感。
- 凸出厚度：用于设置挤压厚度，该值越大，对象的厚度越大，图8-61所示是设置凸出厚度为20 pt效果，图8-62所示是设置凸出厚度为50 pt的效果。
- 端点：单击◉按钮，可以创建实心立体对象，如图8-63所示。单击◉按钮，可创建空心立体对象，如图8-64所示。

图8-61　凸出厚度为20 pt　　　图8-62　凸出厚度为50 pt　　　图8-63　实心立体对象　　　图8-64　空心立体对象

- 斜角：在"斜角"下拉列表中选择一种斜角样式，可创建带斜角的立体对象，如图8-65所示。
- 高度：可设置对象斜角的斜切方式。单击右侧的"斜角外扩"按钮，可以在保持对象大小的基础上通过增加像素形成斜角；若单击"斜角内缩"按钮，则从原对象上切除部分像素形成斜角。为对象设置斜角后，可在"高度"文本框中输入斜角的高度值，图8-66所示为高度为8 pt的斜角外扩和内缩效果。

图8-65　设置斜角前后的效果　　　　　　　　图8-66　斜角外扩和内缩效果

2. 绕转

绕转是围绕轴以指定的度数旋转2D对象来创建3D对象的过程。由于绕转是垂直固定的，因此用于绕转的开放或闭合路径应为所需3D对象的正前方垂直剖面的一半。图8-67所示为一条普通的曲线，选择该对象，选择【效果】/【3D】/【绕转】命令，在打开的对话框中设置参数，如图8-68所示，单击 确定 按钮，即可得到一个具有艺术造型的立体对象，如图8-69所示。

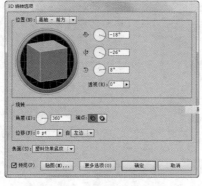

图8-67 绘制曲线　　　　　图8-68 "3D绕转选项"对话框　　　　　图8-69 立体效果

"3D绕转选项"对话框中主要选项的含义分别如下。

- 角度：用于设置对象的绕转角度，默认角度为360°，用默认角度绕转出的对象为一个完整的立体对象，如果小于该值，则对象上会出现断面，图8-70所示是"角度"为250°时的效果。
- 端点：单击 按钮，可以创建实心立体对象。单击 按钮，可以创建空心立体对象。
- 位移：用来设置绕转对象与自身轴心的距离，该值越大，对象偏离轴心越远，图8-71所示是设置"位移"为10 pt的效果。
- 自：用来设置绕转的方向，如果用于绕转的对象是最终对象的右半部分，可在该下拉列表中选择"左边"选项，若选择"右边"选项，则会生成其他立体对象，如图8-72所示。如果绕转的对象是最终对象的左半部分，可在该下拉列表中选择"右边"选项。

图8-70 角度为250°　　　　　图8-71 位移为10 pt　　　　　图8-72 为右半部分且选择"右边"选项

3. 旋转

利用"旋转"效果可以在一个虚拟的三维空间中旋转对象，被旋转的对象可以是2D或3D对象。

选择要旋转的对象，选择【效果】/【3D】/【旋转】命令，打开图8-73所示的"3D旋转选项"对话框，在其中设置旋转和透视角度即可。图8-74所示为对象旋转前后的效果。

图8-73　设置选项　　　　　　　　　　　　　图8-74　对象旋转前后的效果

8.2.5　"变形"效果组

使用"变形"效果组中的命令可以对选择的对象进行各种弯曲变形设置。选择【效果】/【变形】命令后，在弹出的子菜单中包含了15种变形样式，如图8-75所示。选取该菜单下的任一子命令，打开图8-76所示的"变形选项"对话框，其中的选项除选择的"样式"不同外，其他命令完全相同。图8-77所示为使用"鱼眼"样式前后的对比效果。

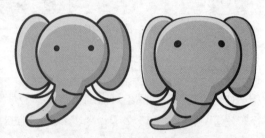

图8-75　变形样式　　　　图8-76　"变形选项"对话框　　　　　图8-77　使用鱼眼变形前后的效果

8.2.6　"扭曲和变换"效果组

"扭曲和变换"效果组中有"变换""扭拧""扭转""收缩和膨胀""波纹效果""粗糙化""自由扭曲"7个效果，它们可以改变图形的形状、方向和位置，创建扭曲、收缩、膨胀、粗糙和锯齿等效果。其中"自由扭曲"比较特殊，它可以通过控制点来改变对象的形状。选择一个图形对象，如图8-78所示。选择【效果】/【扭曲和变换】/【自由扭曲】命令，打开"自由扭曲"对话框，在其中可设置所选对象的缩放大小、水平与垂直的移动方向，如图8-79所示。单击 确定 按钮，可得到图8-80所示的扭曲效果。

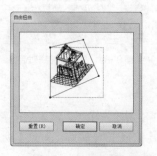

图8-78　选择对象　　　　　　图8-79　"自由旋转"对话框　　　　　　图8-80　扭曲效果

8.2.7 "栅格化"效果

栅格化指将矢量图转换为位图。在Illustrator CC中可以通过以下两种方法来操作。

- 选择需要栅格化的对象，选择【效果】/【栅格化】命令，打开图8-81所示的"栅格化"对话框，在其中设置好分辨率、背景颜色等项目后，可将对象栅格化，使对象呈现位图的外观，但不会改变对象的矢量结构，它仍然是矢量对象，"外观"面板中仍保存有它的矢量属性。

- 选择【对象】/【栅格化】命令，将矢量对象转换为真正的位图，如图8-82所示。

图8-81 栅格化对象　　　　　　　　　　　　　　　　　图8-82 转换为位图

8.2.8 "路径"效果组

使用"路径"效果组可以编辑路径、为对象创建轮廓以及将对象的描边转换为轮廓等。"路径"效果组中包含了3个效果命令，下面分别进行介绍。

1. 位移路径

"位移路径"效果可以从对象中得到新的路径。绘制出路径，如图8-83所示。选择【效果】/【路径】/【位移路径】命令，可打开"偏移路径"对话框，如图8-84所示。在其中设置位移、连接和斜接限制后，单击 确定 按钮，即可得到新的路径，如图8-85所示。

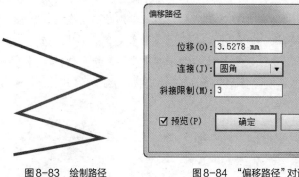

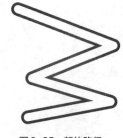

图8-83 绘制路径　　　　　　图8-84 "偏移路径"对话框　　　　　　图8-85 新的路径

2. 轮廓化对象

"轮廓化对象"效果可以将对象创建为轮廓，常用于文字处理。轮廓化对象的操作方法：选择需要处理的文字，选择【效果】/【路径】/【轮廓化对象】命令，将文字创建为轮廓后，可对其进行编辑和渐变填充，但文字内容不能更改。

3. 轮廓化描边

　　"轮廓化描边"效果可以将对象的描边转换为轮廓。只需选择【效果】/【路径】/【轮廓化描边】命令即可。与选择【对象】/【路径】/【轮廓化描边】命令相比，使用该命令转换后的轮廓仍然可以修改描边粗细。

8.2.9　"路径查找器"效果组

　　"路径查找器"效果组主要用于将一些简单的路径通过运算转变为复杂的路径，其中包含了13种效果样式，如图8-86所示。这些效果只能用于处理组、图层和文字对象，并且只会改变对象的外观，不会造成对象实质性的破坏。"路径查找器"效果组中的大多数命令与"路径查找器"面板（见图8-87）的功能相似。

图8-86　路径查找器样式

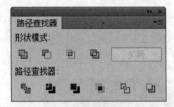

图8-87　"路径查找器"面板

 提示 使用"路径查找器"效果组中的命令时，需要将对象变为一组，否则这些命令不会产生作用。

8.2.10　"转换为形状"效果组

　　"转换为形状"效果组中包含了"矩形""圆角矩形""椭圆"3个效果样式，它们可应用于任何选定的对象。选择组中的任意一个命令，将打开"形状选项"对话框，如图8-88所示，在其中可以设置选项参数，图8-89所示是转换为圆角矩形前后的效果。

图8-88　"形状选项"对话框

图8-89　转换为圆角矩形前后的效果

"形状选项"对话框中部分选项的含义分别如下。

● 形状：在该下拉列表中可以选择要将对象转换为哪一种形状，包括"矩形""圆角矩形""椭圆"3个选项。

● 绝对：主要用于控制转换后形状的大小，可在"额外宽度"和"额外高度"文本框进行设置。

● 相对：可设置转换后形状相对于原对象扩展或收缩的大小。

● 圆角半径：将对象转换为圆角矩形后，可在该文本框中输入一个圆角半径值，以确定圆角边缘的圆化量。

8.2.11 "风格化"效果组

"风格化"效果组中包含了"内发光""圆角""外发光""投影""涂抹""羽化"6个效果样式，使用它们可以为图形添加对应的效果。

1. 内发光

"内发光"效果可以在对象的内部产生发光效果。选择一个对象，如图8-90所示。选择【效果】/【风格化】/【内发光】命令，打开"内发光"对话框，在其中可以设置内发光的"模式"和"不透明度"等参数，如图8-91所示。完成设置后单击 确定 按钮，效果如图8-92所示。

图8-90 选择对象　　　　　　图8-91 设置参数　　　　　　图8-92 内发光效果

2. 圆角

"圆角"效果可以将矢量对象的转角控制点转换为平滑控制点，使矢量对象产生平滑的曲线。

3. 外发光

"外发光"效果可让对象的外部产生光晕效果和质感，它与"内发光"效果相反。选择【效果】/【风格化】/【外发光】命令，打开"外发光"对话框，在其中设置各选项的参数后，单击 确定 按钮即可，如图8-93所示。

4. 投影

"投影"效果可以为选择的对象添加投影，与大多数效果不同，"投影"效果会同时影响描边和填色。选择【效果】/【风格化】/【投影】命令，打开"投影"对话框，在其中设置各选项的参数后，单击 确定 按钮即可，如图8-94所示。

图8-93　外发光效果　　　　　　　　　图8-94　投影效果

提示　当用户对使用内发光效果的对象进行扩展时，内发光本身会呈现为一个不透明蒙版；如果对使用外发光效果的对象进行扩展，外发光本身会变成一个透明的栅格对象。

"投影"对话框中部分选项的含义分别如下。

● 模式：在其右侧的下拉列表中可以选择所需要的投影模式。

● 不透明度：用来控制投影的透明度。当该值为0%时，投影完全透明；当该值为100%时，投影不透明。

● x位移/y位移：可以设置投影沿水平方向/垂直方向偏移的距离。

● 模糊：可以设置投影的模糊程度。该值越大，投影越模糊。

● 颜色：选中"颜色"单选项后，单击其右侧的色块，可在打开的"拾取器"对话框中为投影选择需要的颜色。

● 暗度：选中"暗度"单选项后，在其右侧文本框中输入数值可设置投影明暗程度。当该值为0%时，投影显示为对象自身的颜色；当该值为100%时，投影显示为黑色。

5. 涂抹

"涂抹"效果可为对象添加类似于素描的手绘效果，也可以创建机械图样或一些涂鸦图稿。同时，还可更改线条的样式、紧密度、线的松散和描边宽度以及应用预设的涂抹效果进行设置。选择需要添加效果的对象，如图8-95所示。选择【效果】/【风格化】/【涂抹】命令，打开"涂抹选项"对话框，在其中进行相应的设置，如图8-96所示。单击　确定　按钮，得到的涂抹效果如图8-97所示。

图8-95　选择对象　　　　　图8-96　"涂抹"对话框　　　　　图8-97　涂抹效果

"涂抹选项"对话框中主要选项的含义分别如下。

● 设置：在该下拉列表中可以选择一种预设的涂抹方式。还可选择"自定"选项，然后在其他选项中进行调整，创建自定义涂抹效果。

● 角度：用来控制涂抹线条的方向，可单击角度图标⊙中的任意点，也可以围绕角度图标⊙拖动角度线，或在文本框中输入一个介于-179～180之间的值。

● 路径重叠：用来控制涂抹线条从路径界内部到路径边缘的距离或到路径边缘外的距离。当该值为负数时，涂抹线条将被控制在路径边缘内部；当该值为正数时，涂抹线条延伸至路径边缘的外部。

● 变化：以设置好的路径长度为基础，设置图形内部线条排列的规则。

● 描边宽度：用来设置涂抹线条的宽度。

● 曲度/变化：前者用于控制涂抹线条在改变方向之前的弯曲程度，后者用于控制曲线和直线的相对曲度的差异大小。

● 间距/变化：前者用于控制涂抹线条之间的折叠间距数量，后者用于调整涂抹线条之间距离的变化值。

6. 羽化

"羽化"效果可以柔化对象的边缘，使其产生从内部到边缘逐渐透明的效果。羽化对象的操作方法：选择对象，如图8-98所示，选择【效果】/【风格化】/【羽化】命令，打开"羽化"对话框，如图8-99所示。在"半径"文本框中输入羽化值后，单击 确定 按钮，羽化效果如图8-100所示。

图8-98　选择对象　　　　　　图8-99　"羽化"对话框　　　　　　图8-100　羽化效果

8.2.12　Photoshop 效果

"效果"菜单的下半部分为 Photoshop 效果，该效果主要应用于位图图像，共包括 10 个滤镜组，每个滤镜组又包含了若干个效果，下面分别进行介绍。

1. 效果画廊

"效果画廊"是常用效果的载体，它包含了风格化、扭曲、素描、纹理和艺术效果组中的各种效果，可以将多个效果同时应用于同一对象，还可以用一个效果替换原有的效果。选择【效果】/【效果画廊】命令，打开"效果画廊"对话框，如图8-101所示。

预览区　　　　　　　　　效果选项栏　　　　　参数设置栏

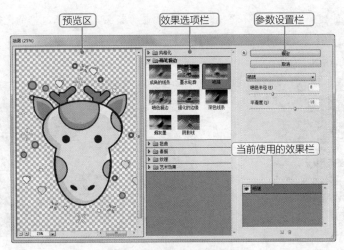

图8-101　"效果画廊"对话框

"效果画廊"对话框中主要部分和主要按钮的含义分别如下。

● 预览区：显示应用某个效果后的对象效果。单击下方文本框右侧的 ▼ 按钮，在弹出的下拉菜单中选择相应数值，可放大或缩小预览效果。

● 效果选项栏：其中提供了多个效果组，单击效果组名称前的 ▷ 按钮，将展开该组效果，并以图标的形式显示。此时 ▷ 按钮将变为 ▽ 按钮，再次单击，可收缩效果组。

● 参数设置栏：选择一个效果后，在参数设置栏中显示该效果的参数，设置不同的参数可达到不同的效果。

● 当前使用的效果栏：在其中显示了当前对象应用的滤镜名称。

● "新建效果图层"按钮 ▣：单击该按钮，可以创建一个效果图层，且在创建后，可以添加多个不同的效果。

● "删除效果图层"按钮 🗑：选择一个效果图层，再单击该按钮，可将其删除。

2. "像素化"滤镜组

"像素化"滤镜组包括"彩色半调""晶格化""点状化""铜版雕刻"4个滤镜，这些滤镜主要用于对图像进行分块，即用许多小块来组成原来的图像，下面分别进行介绍。

● "彩色半调"滤镜："彩色半调"滤镜可以在图像的每个通道上制作放大的半调网屏效果。对于每个通道，滤镜将图像划分为许多矩形，用圆形替换每个矩形且圆形的大小与矩形的亮度成正比。选择对象，选择【效果】/【像素化】/【彩色半调】命令，打开"彩色半调"对话框，即可设置每个网点的大小，图8-102所示为应用该滤镜后的效果。

图8-102　应用"彩色半调"滤镜

● "晶格化"滤镜："晶格化"滤镜可以将图像中的颜色集结成多边形的色块。选择对象后，选择【效果】/【像素化】/【晶格化】命令，打开"晶格化"对话框，在其中可设置每个晶格的大小，如图8-103所示。

图8-103 应用"晶格化"滤镜

● "点状化"滤镜："点状化"滤镜可以将图像中的颜色分解为随机分布的网点，并使用背景色作为网点之间的画布区域。选择对象后，选择【效果】/【像素化】/【点状化】命令，打开"点状化"对话框，在其中可设置每个网点的大小，如图8-104所示。

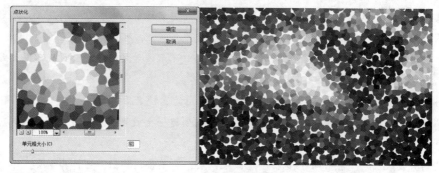

图8-104 应用"点状化"滤镜

● "铜版雕刻"滤镜："铜版雕刻"滤镜可以使图像产生黑白区域的随机图案或彩色图像中完全饱和颜色的随机图案。选择对象后，选择【效果】/【像素化】/【铜版雕刻】命令，打开"铜版雕刻"对话框，在其中选择一个铜板雕刻类型，单击 确定 按钮即可，如图8-105所示。

图8-105 应用"铜版雕刻"滤镜

3. "扭曲"滤镜组

该"扭曲"滤镜组与Illustrator滤镜中的"扭曲"滤镜组不同，该"扭曲"滤镜组中包括"扩散亮光""海洋波纹""玻璃"3个滤镜，可以对图像进行几何扭曲处理，下面分别进行介绍。

● "扩散亮光"滤镜："扩散亮光"滤镜可以将图像的颜色进行柔和的扩散，并将透明的白色颗粒添加到图像上，由中心向外渐隐亮光。选择对象后，选择【效果】/【扭曲】/【扩散亮光】命令，打开"扩散亮光"对话框，在其中可以设置扩散的颗粒、发光量和清除数量，如图8-106所示。

图8-106　应用"扩散亮光"滤镜效果

● "海洋波纹"滤镜："海洋波纹"滤镜可以在图像上产生随机分隔的波纹效果。选择对象后，选择【效果】/【扭曲】/【海洋波纹】命令，打开"海洋波纹"对话框。在其中可以设置波纹的大小和幅度，如图8-107所示。

● "玻璃"滤镜："玻璃"滤镜可以产生通过不同类型的玻璃来观看图像的效果。选择对象后，选择【效果】/【扭曲】/【玻璃】命令，打开"玻璃"对话框。在其中可以选择一种预设的玻璃效果，也可以通过拖动"扭曲度"和"平滑度"滑块来自定义玻璃效果，如图8-108所示。

图8-107　应用"海洋波纹"滤镜

图8-108　应用"玻璃"滤镜

4. "模糊"滤镜组

"模糊"滤镜组包括"径向模糊""特殊模糊""高斯模糊"3个滤镜，该滤镜组主要用于平滑图像中过于清晰和对比度过于强烈的区域，通常用于模糊图像背景和创建柔和的阴影效果。下面对该滤镜组中的3个滤镜分别进行介绍。

● "径向模糊"滤镜："径向模糊"滤镜可以将图像旋转成圆形或将图像从中心辐射出去。选择对象后，选择【效果】/【模糊】/【径向模糊】命令，打开"径向模糊"对话框。拖动"数量"滑块设置径向模糊的数量，如图8-109所示。单击 确定 按钮，对象应用"径向模糊"滤镜前后的效果如图8-110所示。

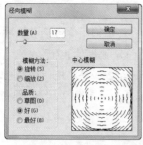

图8-109 "径向模糊"对话框

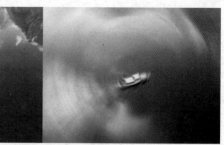

图8-110 应用"径向模糊"滤镜

- "特殊模糊"滤镜:"特殊模糊"滤镜可以创建多种模糊效果,可将重叠的边缘或图像中的褶皱模糊掉。选择对象后,选择【效果】/【模糊】/【特殊模糊】命令,打开"特殊模糊"对话框,在其中可以设置模糊的方式、品质、阈值和半径等参数。图8-111所示为应用"特殊模糊"滤镜后的效果。

- "高斯模糊"滤镜:"高斯模糊"滤镜可以使原本清晰的图像产生一种朦胧的效果,该滤镜可快速模糊选择的对象,并移去高频出现的细节。选择对象后,选择【效果】/【模糊】/【高斯模糊】命令,打开"高斯模糊"对话框,在其中设置模糊半径即可,效果如图8-112所示。

图8-111 应用"特殊模糊"滤镜

图8-112 应用"高斯模糊"滤镜

5. "画笔描边"滤镜组

"画笔描边"滤镜组包含"喷溅""喷色描边""墨水轮廓""强化的边缘""成角的线条""深色线条""烟灰墨""阴影线"8种滤镜,这些滤镜可以使用不同的画笔和油墨描边效果来使原图像产生不同的绘画效果。下面分别进行介绍。

- "喷溅"滤镜:该滤镜可模拟喷溅效果。
- "喷色描边"滤镜:该滤镜可使用图像的主导色,用喷溅的成角线条模拟描边效果。
- "墨水轮廓"滤镜:该滤镜可使用纤细的线条,在原图像上模拟钢笔画的效果。
- "强化的边缘"滤镜:该滤镜可强化图像的边缘,强化的强度越高图像边缘越趋于白色,越低则越趋于黑色。
- "成角的线条"滤镜:该滤镜可用相同方向的线条绘制图像的高亮区域,用相反方向的线条绘制图像的其他区域。

- "深色线条"滤镜:该滤镜可使用短线条绘制图像中的暗色区域,用白色长线条绘制图像中的高亮区域。
- "烟灰墨"滤镜:该滤镜可模拟用蘸满黑色油墨的湿画笔在宣纸上绘画的效果。
- "阴影线"滤镜:该滤镜将在保留原图像的细节特征的同时,使用模拟的铅笔阴影线添加纹理,并使图像中彩色区域的边缘变粗糙。

图8-113所示为应用了"画笔描边"滤镜组中所有滤镜后的效果。

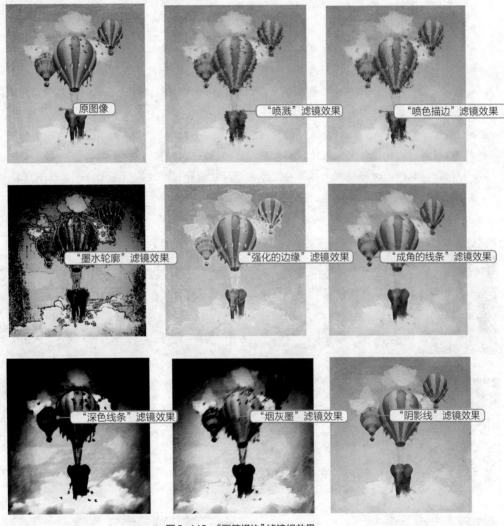

原图像

"喷溅"滤镜效果

"喷色描边"滤镜效果

"墨水轮廓"滤镜效果

"强化的边缘"滤镜效果

"成角的线条"滤镜效果

"深色线条"滤镜效果

"烟灰墨"滤镜效果

"阴影线"滤镜效果

图8-113 "画笔描边"滤镜组效果

6. "素描"滤镜组

"素描"滤镜组包括"便条纸""半调图案""图章""基底凸现""石膏效果""影印""撕边""水彩画纸""炭笔""炭精笔""粉笔和炭笔""绘图笔""网状""铭黄"14种滤镜,这些滤镜可以模拟素描和速写等效果,下面分别进行介绍。

- "便条纸"滤镜:该滤镜可简化图像并产生浮雕效果。

- "半调图案"滤镜：该滤镜可以在保持连续的色调范围的同时，产生半调网屏的效果。
- "图章"滤镜：该滤镜可简化图像，使其呈现木制或橡皮图章盖印效果，多用于黑白图像。
- "基底凸现"滤镜：该滤镜可模拟浮雕的雕刻效果和突出光照下变化的表面，把图像中的高亮与暗色区域分别用白色和黑色表示。
- "石膏效果"滤镜：该滤镜可在原图像上产生一种石膏浮雕效果，且图像以前景色和背景色填充，并使高亮区域凹陷，暗色区域凸现。
- "影印"滤镜：该滤镜可模拟影印图像效果。
- "撕边"滤镜：该滤镜可在原图像上模拟重新组织为粗糙的破碎纸片效果。
- "水彩画纸"滤镜：该滤镜可模拟颜色向外渗出的水彩画效果。
- "炭笔"滤镜：该滤镜可对图像进行色调分离，产生涂抹的效果，并将边缘以粗线条绘制。
- "炭精笔"滤镜：该滤镜可模拟黑色和白色的炭精笔纹理效果，图像的暗色区域采用黑色绘制，高亮区域采用白色绘制。
- "粉笔和炭笔"滤镜：该滤镜可使用白色与黑色重新绘制原图像的高光和中间调。
- "绘图笔"滤镜：该滤镜可使用黑色和白色的细线条替换原图像上的颜色。
- "网状"滤镜：该滤镜可模拟胶片乳胶的可控收缩和扭曲效果，图像暗色区域呈结晶状。
- "铭黄"滤镜：该滤镜可模拟擦亮的铭黄表面效果。

图8-114所示为应用了"素描"滤镜组中所有滤镜的效果。

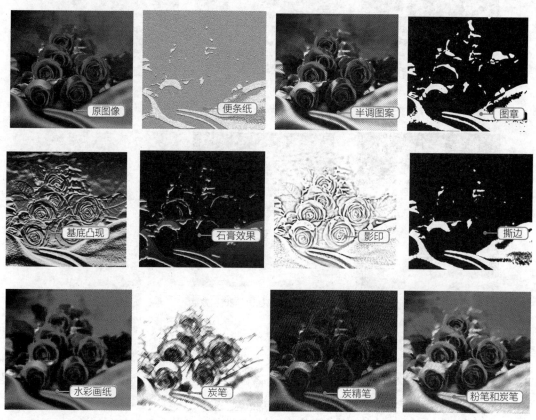

图8-114 "素描"滤镜组效果

图8-114 "素描"滤镜组效果（续）

7. "纹理"滤镜组

"纹理"滤镜组包括"拼缀图""染色玻璃""纹理化""颗粒""马赛克拼贴""龟裂缝"6种滤镜，这些滤镜可在图像中加入各种纹理效果，下面分别进行介绍。

- "拼缀图"滤镜：该滤镜可以将图像分解为由若干方形图块组成，图块的颜色由该区域的主色决定，随机减少或增加拼贴的深度，以复原图像的高光和暗色区域。
- "染色玻璃"滤镜：该滤镜可将图像重新绘制成许多相邻的单色单元格，边框由前景色填充。
- "纹理化"滤镜：该滤镜可在图像上创建纹理效果。
- "颗粒"滤镜：该滤镜可在图像上产生各种不同颗粒的效果。
- "马赛克拼贴"滤镜：该滤镜可使用马赛克小格子重新拼贴图像。
- "龟裂缝"滤镜：该滤镜可根据所选图像的等高线生成细致的纹理，并产生浮雕效果。

图8-115所示为应用了"纹理"滤镜组中所有滤镜的效果。

   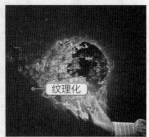

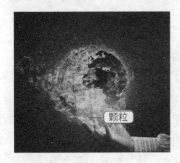 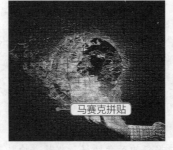 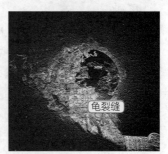

图8-115 "纹理"滤镜组效果

8. "视频"滤镜组

"视频"滤镜组用于处理隔行扫描方式的设备中提取的图像,包含"NTSC颜色"和"逐行"两种滤镜。使用时只需选择【效果】/【视频】命令,在弹出的视频滤镜组的子菜单中进行相应选择即可。下面对"NTSC颜色"滤镜和"逐行"滤镜分别进行介绍。

- "NTSC颜色"滤镜:"NTSC颜色"滤镜可以将图像的色域限制在电视机重现可接受的范围内,以防止过饱和颜色渗入电视机扫描行中。
- "逐行"滤镜:"逐行"滤镜可以移除视频图像中奇数或偶数隔行线,使在视频上捕捉的运动图像变得平滑。图8-116所示为"逐行"对话框。

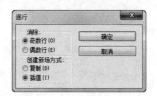

图8-116 "逐行"对话框

技巧 使用Photoshop效果时,按住【Alt】键,对话框中的 取消 按钮将变为 默认 或 复位 按钮,单击它们可以将参数恢复到初始状态。如果在执行效果的过程中想终止操作,可以按【Esc】键。

---

9. "艺术效果"滤镜组

"艺术效果"滤镜组包括"塑料包装""壁画""干画笔""底纹效果""彩色铅笔""木刻""水彩""海报边缘""海绵""涂抹棒""粗糙蜡笔""绘画涂抹""胶片颗粒""调色刀""霓虹灯光"15种滤镜,这些滤镜可使图像产生不同的绘画效果,下面分别进行介绍。

- "塑料包装"滤镜:该滤镜可在图像上模拟一层光亮的塑料来强调表面细节。
- "壁画"滤镜:该滤镜可使用粗糙的圆形线条进行图像描边,模拟壁画效果。
- "干画笔"滤镜:该滤镜可使用介于油彩和水彩之间的干画笔来绘制图像边缘,并降低图像的颜色范围。
- "底纹效果"滤镜:该滤镜可以在带纹理的背景上重新绘制图像。
- "彩色铅笔"滤镜:该滤镜可使用彩色铅笔在纯色背景上绘制图像,保留重要的边缘并粗糙化图像。
- "木刻"滤镜:该滤镜可模拟木器上的雕刻效果。
- "水彩"滤镜:该滤镜可简化原图像,并以水彩画的风格重新绘制图像。
- "海报边缘"滤镜:该滤镜可根据设置的海报化选项值减少图像中的颜色数,然后在图像的边缘用黑色线条进行描边。
- "海绵"滤镜:该滤镜使用颜色对比强烈、纹理较重的区域创建图像,模拟用海绵绘制图像的效果。
- "涂抹棒"滤镜:该滤镜使用短的对角线进行描边并涂抹对象,简化细节,柔化图像。
- "粗糙蜡笔"滤镜:该滤镜可模拟彩色蜡笔在带有纹理的背景上绘制图像的效果。

● "绘画涂抹"滤镜：该滤镜可使用各种类型的画笔来涂抹原图像，模拟不同的图像效果。

● "胶片颗粒"滤镜：该滤镜可将原图像上的暗色调与中间调进行平滑处理。

● "调色刀"滤镜：该滤镜可减少原图像的细节，模拟清新的画布效果。

● "霓虹灯光"滤镜：该滤镜可模拟不同类型的灯光叠印在原图像上的效果。

图8-117所示为应用了"艺术效果"滤镜组中部分滤镜的效果。

图8-117 "艺术效果"滤镜组部分效果

10. "风格化"滤镜组

"风格化"滤镜组只包含了一个滤镜，即"照亮边缘"滤镜，该滤镜可将图像边缘轮廓照亮。选择【效果】/【风格化】/【照亮边缘】命令，打开"照亮边缘"对话框，在其中设置相应参数，如图8-118所示。单击 确定 按钮，可得到图8-119所示的使用"照亮边缘"滤镜后的效果。

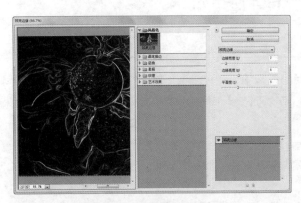

图8-118 "照亮边缘"对话框

图8-119 使用"照亮边缘"滤镜前后的效果

疑难解答 | 如何改善效果性能与效果应用技巧?

在 Illustrator CC 中，有些效果会占用很大的计算机内存，用户可通过以下 3 方面来改善效果性能。

- 在对应的"效果"对话框中选中"预览"复选框及时预览效果，以节省时间并防止出现不满意的结果。
- 如果制作的效果要在灰度打印机上进行打印，那么，建议在应用效果之前先将位图图像的一个副本转换为灰度图像。但是，需要注意的是，在某些情况下，对彩色位图图像应用效果后再将其转换为灰度图像所得到的效果，与直接对图像的灰度版本应用同一效果所得到的效果会有所不同。
- 对链接的位图对象应用效果将不起任何作用，如果对链接的位图应用效果，则效果将应用于嵌入的位图副本，而非原始位图图像。如果要对原始位图应用效果，则必须将原始位图嵌入当前文件。

课堂练习 ——制作海报背景

使用滤镜命令可以制作很多特殊的效果，下面将综合使用几个滤镜制作一个海报背景图案。打开素材文件（素材所在位置：素材\第8章\课堂练习\背景.jpg、剪影.ai），对背景应用"染色玻璃"滤镜，再对剪影人物应用"纹理"滤镜，效果如图8-120所示（效果所在位置：效果\第8章\课堂练习\海报背景.ai）。

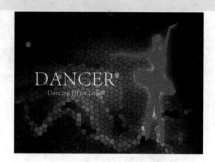

图8-120　海报背景效果

8.3 上机实训——制作细线文字

8.3.1 实训要求

滤镜的功能非常强大，除了能运用到图像中，还可以制作特殊文字，本次上机实训要求运用Illustrator效果中的"涂抹"滤镜来仿制文字表面布满细线的效果，并为其添加适当的立体效果。

8.3.2 实训分析

本实训将对多个文字重叠排放，然后对其应用"涂抹"效果，让不同的颜色重叠产生细线效果。本实训的参考效果如图8-121所示。

素材所在位置： 素材\第8章\上机实训\紫色背景.ai。

效果所在位置： 效果 \ 第8章 \ 上机实训 \ 细线文字.ai。

视频教学
制作细线文字

图8-121　实训效果

8.3.3　操作思路

　　本实训需要完成的主要操作包括输入并复制文字、应用"涂抹"滤镜、为文字制作投影3大步操作，操作思路如图8-122所示。涉及的知识点主要包括文字工具、【涂抹】命令、【投影】命令等。

图8-122　操作思路

【步骤提示】

STEP 01 打开"紫色背景.ai"文件，使用文字工具 **T** 在图像窗口中输入文字"SPIRIT"，并设置"字体"为"时尚中黑简体"，"字体大小"为150 pt，"颜色"为紫色，再按两次【Ctrl+C】和【Ctrl+F】组合键，在原位复制2次文字，打开"图层"面板，可看到3个文字图层。

STEP 02 依次选择不同的文字图层，并分别设置文字颜色为不同深浅的紫色。选择【效果】/【风格化】/【涂抹】命令，打开"涂抹选项"对话框，设置"角度"为30°，"描边宽度"为0.03 mm，"间距"为0.03 mm，"变化"为0.01 mm，单击 确定 按钮。

STEP 03 选择第二个文字图层，再打开"涂抹选项"对话框，设置"角度"为30°，"描边宽度"为0.03 mm，"间距"为0.04 mm，"变化"为0.01 mm，单击 确定 按钮。

STEP 04 选择顶层的文字图层，打开"涂抹选项"对话框，设置"角度"为30°，"路径重叠"为-0.03 mm，"变化"为0.02 mm，在"线条选项"栏中设置"描边宽度"为0.01 mm，"间距"为0.04 mm，"变化"为0.01 mm，单击 确定 按钮。

STEP 05 返回图像窗口即可看到设置涂抹后的文字效果。选择最下方的图层，在属性栏中设置描边为"白色"，宽度为"5 pt"。然后选择【效果】/【风格化】/【投影】命令，打开"投影"对话框，设置"*x*位移"和"*y*位移"为1.5，"模糊"为1.7 cm，"颜色"为"黑色"，其他选项保持默认，单击 确定 按钮完成本实训的制作。

8.4 课后练习

1. 练习1——*制作雨天意境图*

本练习将制作一个下雨天的意境图，首先导入"雨天.jpg"素材文件，对其应用"羽化""扩散亮光"和"玻璃"滤镜，得到具有艺术气息的图像效果，然后打开"相框.jpg"素材文件，将制作好的雨天图像放到相框中，并置于最底层。完成后的效果如图8-123所示。

素材所在位置： 素材\第8章\课后练习\相框.png、雨天.jpg。

效果所在位置： 效果\第8章\课后练习\雨天意境图.ai。

图8-123　完成后的效果

2. 练习2——*制作火焰效果*

本练习将绘制并复制多个线条，然后设置图层混合模式，再使用"高斯模糊"滤镜模糊图像并柔化图形，制作燃烧的火焰效果，完成后的效果如图8-124所示。

效果所在位置： 效果\第8章\课后练习\火焰.ai。

图8-124　完成后的效果

第9章

切片、任务自动化与打印

在Illustrator CC中完成了图像的基本绘制与处理后，可能还需要进行一些后续处理。如使用切片对网页图形进行处理，然后输出为网页布局需要的图片。使用"动作"和"批处理"可以快速地对某个文件或文件夹进行指定的操作，从而简化重复的人工操作，提高工作效率，同时还可以避免因误操作导致的图像效果不一致。打印输出是图像处理完成后，形成作品的重要操作。本章将对这些操作进行详细讲解。

课堂学习目标

- 掌握切片的运用
- 掌握任务自动化的操作方法
- 掌握打印和输出文件的方法

课堂案例展示

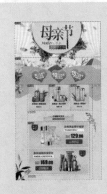

淘宝店铺首页切片

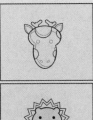

批处理图像

制作并打印海报

9.1 切片

Illustrator CC的一个重要应用领域是网页设计，使用它可将设计好的网页切片为一张张小图像，以帮助网页设计人员在其他网页设计软件中进行布局，从而加快图像在浏览器中的显示速度。下面先通过对一个设计好的淘宝店铺首页进行切片，讲解网页切片的基本方法，然后以知识点的方式逐个讲解与切片相关的工具及操作，以帮助读者加深记忆。

9.1.1 课堂案例——为淘宝店铺首页切片

案例目标：通过切片工具对淘宝店铺首页进行操作，将其划分为多个小图像，然后进行保存，如图9-1所示。

知识要点：切片工具；切片选择工具；【置入】命令。

素材位置：素材\第9章\淘宝店铺首页.jpg。

效果文件：效果\第9章\淘宝店铺首页.ai、淘宝店铺首页图像\。

视频教学
为淘宝店铺首页
切片

图9-1　完成后的参考效果

具体操作步骤如下。

STEP 01 启动Illustrator CC，选择【文件】/【打开】命令，在打开的对话框中选择"淘宝店铺首页.jpg"素材文件，单击 打开 按钮，打开需要切片的图像文件，如图9-2所示。

STEP 02 依次在水平标尺和垂直标尺上拖出多条参考线至如图9-3所示的位置，然后选择【对象】/【切片】/【从参考线创建】命令，即可按照参考线的划分方式创建切片，效果如图9-4所示。

STEP 03 选择切片工具 ，在网页下方较大的两类化妆品中按住鼠标左键并拖动，绘制一个矩形方框，如图9-5所示，到达文字右下方时松开鼠标，得到切片效果。

图9-2　置入图像

图9-3　绘制参考线

图9-4　创建切片

图9-5　绘制切片

STEP 04 选择切片工具 ，在较小的3个粉色矩形中框住最左侧的矩形绘制切片，如图9-6
所示。

STEP 05 选择切片选择工具 ，选择刚刚绘制的切片，按住【Alt】键向右拖动，分别向右
复制两次切片，将另外两个粉色矩形框住，得到两个相同大小的切片，如图9-7所示。

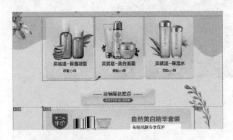

图9-6　使用工具绘制切片

图9-7　复制并移动切片

STEP 06 选择【文件】/【存储为Web所用格式】命令，打开"存储为Web所用格式"对话
框，在"预设"栏"名称"下方的下拉列表框中选择图片文件的保存格式为"PNG-8"，其他保持
默认设置，单击 存储 按钮，如图9-8所示。

STEP 07 打开"将优化结果存储为"对话框，设置图像文件的保存位置为"桌面"，设置图
像文件名称为"淘宝店铺首页"，单击 保存(S) 按钮。

STEP 08 找到保存图像的位置，其中有一个名为"图像"的文件夹，里面保存的即为切片图
像文件，如图9-9所示。

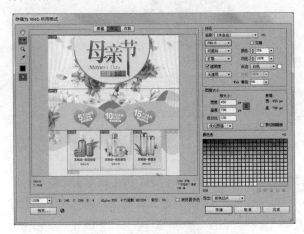

图9-8　存储为Web所用格式

图9-9　查看保存的切片图像文件

9.1.2　切片的种类

Illustrator CC中包含两种切片，即用户切片和自动切片，如图9-10所示。用户切片和自动切片
的区别如下。

● 用户切片是用户创建的用于分割图像的切片，它带有编辑并显示切片标记。

● 创建用户切片时，系统会自动在当前切片周围生成用于占据图像其他区域的自动切片。此
外，编辑切片时，系统还会根据情况重新生成用户切片和自动切片。

图9-10　切片

9.1.3　创建切片

创建切片可以有效提高网页的打开速度。在Illustrator CC中，可根据不同的情况和方法来创建切片，下面分别进行介绍。

1. 使用切片工具创建切片

使用切片工具可以创建切片，创建切片的方法非常简单，在工具箱中选择切片工具，按住鼠标在图像上拖出一个矩形框，如图9-11所示。释放鼠标后，即可创建一个切片，如图9-12所示。

图9-11　拖动鼠标

图9-12　创建切片

2. 从所选对象创建切片

使用选择工具选择多个对象，如图9-13所示。选择【对象】/【切片】/【建立】命令，可以为每一个选择的对象创建一个切片，如图9-14所示。如果只为部分对象创建切片，则可以选择【对象】/【切片】/【从所选对象创建】命令，从而将所选对象创建为一个切片，如图9-15所示。

图9-13　选择多个对象

图9-14　从所选对象创建切片

图9-15　将所选对象创建为一个切片

3. 从参考线创建切片

除了前面介绍的两种创建切片的方法，在Illustrator CC中，还可通过参考线快速创建切片。按【Ctrl+R】组合键可以显示标尺，依次在水平标尺和垂直标尺上拖出多条参考线，如图9-16所示。选择【对象】/【切片】/【从参考线创建】命令，即可按照参考线的划分方式创建切片，效果如图9-17所示。

图9-16 拖出参考线

图9-17 从参考线创建切片

> **技巧** 使用切片工具创建切片时，按住【Shift】键可以创建正方形切片；按住【Alt】键可以从中心向外创建矩形切片；按住【Shift+Alt】组合键，可以从中心向外创建正方形切片。

9.1.4 选择和删除切片

切片绘制完成后，可以对切片进行选择或删除。其中，选择切片是对切片进行编辑及后续操作的基础。选择切片和删除切片的操作方法分别如下。

- 选择切片：选择切片选择工具，在图像中单击需要选择的切片，即可选择单击的切片。按【Shift】键的同时使用切片选择工具，单击切片，可选择多个切片。
- 删除切片：选择需要删除的切片，按【Delete】键可将其删除。选择【对象】/【切片】/【全部删除】命令，可删除当前所有切片。

9.1.5 编辑切片

对于编辑好的切片，根据当前网页的实际需求，还可进行再次编辑。切片的编辑方法与编辑图片类似，可进行移动切片、复制切片、调整切片大小、组合切片、锁定切片、显示和隐藏切片等编辑操作，下面分别进行讲解。

- 移动切片：如果创建的切片位置不对，可以对其进行移动。移动切片的操作方法：选择切片，按住鼠标进行拖动，即可移动选择的切片。
- 复制切片：如果需要的切片大小与以前创建的切片大小相同，就可以通过复制的方法来完成。在网页中有很多版块的图片大小是一样的，因此复制操作很常用。复制切片的操作方法：选择需要复制的切片，按住【Alt】键，当鼠标指针变为时，单击并拖动鼠标即可复制出新的切片，如图9-18所示。
- 调整切片大小：创建切片后，如果发现其大小不合适，此时不需要删除后再重新创建，只需调整切片大小即可。调整切片大小的操作方法：选择切片，这时4个角上出现控制点，将鼠标置于控制点上，鼠标指针变为↗时，此时，拖动控制点可以调整切片的大小，如图9-19所示。

图9-18 复制切片

图9-19 调整切片大小

- 组合切片：组合切片即将两个或两个以上的切片组合为一个切片。组合切片的操作方法：先选择两个或两个以上的切片，然后选择【对象】/【切片】/【组合切片】命令即可，如图9-20所示。

- 锁定切片：当图像中的切片过多时，为了便于编辑，可将暂时不需要的切片锁定起来。锁定后的切片不能被移动、缩放或更改。选择需要锁定的切片，再选择【视图】/【锁定切片】命令，即可将切片锁定，如图9-21所示。此时，使用切片选择工具➤移动切片，鼠标指针将变为⊘形状，表示不能进行移动操作。此外，再次执行该命令时，可解除锁定。

图9-20 组合切片

图9-21 锁定切片

- 显示和隐藏切片：选择【视图】/【隐藏切片】命令，可以隐藏图像窗口中的切片。如果要重新显示切片，则可以选择【视图】/【显示切片】命令。

9.1.6 定义切片选项

切片选项决定了切片内容如何在生成的网页中显示，以及如何发挥作用。定义切片选项的方法：选择一个切片，选择【对象】/【切片】/【切片选项】命令，打开"切片选项"对话框，在其中进行相应设置后，单击 确定 按钮，即可利用切片命令输出网络图像，如图9-22所示。

"切片选项"对话框中各选项的含义分别如下。

- 切片类型：用于设置切片输出的类型。如果希望切片区域在生成的网页中为图像文件，可在该下拉列表中选择"图像"

图9-22 "切片选项"对话框

选项；如果希望切片区域在生成的网页中包含HTML文本和背景颜色，可选择"无图像"
选项，但无法导出图像，也无法在Web中浏览；只有在选择文本对象并创建切片后，才能选
择"HTML文本"选项，它可以通过生成的网页中的基本格式属性将Illustrator文本转换为
HTML文本。

- 名称：用于设置切片的名称。
- URL：用于设置切片链接的Web地址，在浏览器中单击切片图像时，可链接到这里设置的网页地址。
- 目标：用于设置目标框架的名称。
- 信息：可输入当鼠标位于图像上时，浏览器的状态区域中所显示的信息。
- 替代文本：用来设置浏览器下载图像时，未显示图像前所显示的替代文本。
- 背景：用来设置切片图像的背景颜色，如果要创建自定义的颜色，可选择"其他"选项，然后在打开的"拾色器"对话框中定义颜色。

9.1.7 保存切片

选择【文件】/【存储为Web和设备所用格式】命令，打开图9-23所示的"存储为Web所用格式"对话框，在该对话框中不仅可以设置优化选项，还可以预览优化的结果。

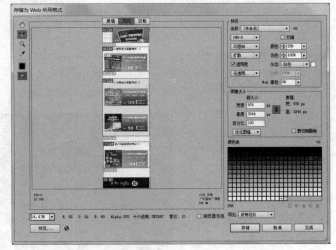

图9-23 "存储为Web所用格式"对话框

1. 选择图像存储格式

在"存储为Web所用格式"对话框右侧的文件格式下拉列表中提供了GIF、JPEG、PNG等切片图像的保存格式。选择不同的格式，其下方的设置参数将发生相应的变化。各图像格式的作用分别如下。

- GIF格式：常用于压缩具有单色调或细节清晰的图像，它是一种无损压缩格式（如文字），可使文件最小化，并且可加快信息传输的时间，支持背景色为透明或实色。由于GIF格式只支持8位元色彩，所以将24位元色彩的图像优化成8位元色彩的GIF格式，文件品质通常会有损失，图9-24所示为GIF格式的优化选项。
- JPEG格式：可以压缩颜色丰富的图像，是一种有损压缩格式。图9-25所示为JPEG格式的优化选项。
- PNG格式：包括PNG-8和PNG-24两种格式。PNG-8格式支持8位元色彩，像GIF格式一样适用于颜色较少、颜色数量有限及细节清晰的图像，其优化选项与GIF格式相同，如图9-26所示。PNG-24格式支持24位元色彩，像JPEG格式一样支持具有连续色调的图像，如图9-27所示。PNG-8和PNG-24格式使用的压缩方式都为无损失压缩方式，在压缩过程中没有数据丢

失，因此PNG格式的文件要比JPEG格式的文件大。PNG格式支持背景色为透明或实色，并且PNG-24格式支持多级透明。

图9-24　GIF格式　　　图9-25　JPEG格式　　　图9-26　PNG-8格式　　　图9-27　PNG-24格式

2. 预览并存储 Web 图像

在"存储为Web所用格式"对话框中间的图像预览区中单击"原稿"选项卡，可在窗口中显示没有优化的图像；单击"优化"选项卡，可在窗口中显示优化后的图像；单击"双联"选项卡，可并排显示优化前和优化后的图像。单击对话框左侧的各个工具按钮，然后在中间的图像预览区中操作可实现图像的缩放、移动等；设置完成后单击 预览… 按钮，可以使用默认的浏览器预览优化的图像。

一切参数设置完成后，单击 存储 按钮，打开"将优化结果存储为"对话框，在其中设置存储位置和文件名称，单击 保存(S) 按钮。之后打开存储图像的文件夹，即可查看保存的一张张切片文件。

🏁 课堂练习——制作珠宝店首页切片

本练习将置入"珠宝店首页"素材文件（素材所在位置：素材\第9章\课堂练习\珠宝店首页.ai），使用切片工具 在图像中绘制多个矩形版块，并通过复制，得到相同大小的矩形切片，切片完成后，对其进行保存，最终效果如图9-28所示（效果所在位置：效果\第9章\课堂练习\珠宝店首页切片.ai、珠宝店首页图像\）。

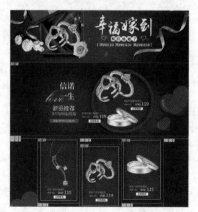
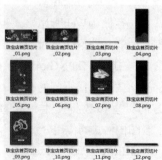

图9-28　实例效果

9.2 任务自动化

动作是Illustrator CC的一大特色功能，通过它可以对不同的图像快速进行相同的处理，大大简化了重复性工作的复杂度。动作会将不同的操作、命令及命令参数记录下来，以一个可执行文件的形式存在，当对图像执行相同操作时，可快速实现任务的自动化处理。

9.2.1　课堂案例——批处理图像

案例目标： 通过录制动作来对图像进行批处理，快速完成图像的多个操作。
下面先将绘制背景画布的操作录制为一个动作，然后这个动作处理多张图像。

　　知识要点： "动作"面板；矩形工具；对齐对象；【批处理】命令。

　　素材位置： 素材\第9章\小狗.ai。

　　效果文件： 效果\第9章\添加背景\。

视频教学
批处理图像

具体操作步骤如下。

STEP 01 启动Illustrator CC，打开"小狗.ai"素材文件，如图9-29所示。

STEP 02 选择【窗口】/【动作】命令，打开"动作"面板，单击"创建新动作"按钮 🔲，
打开"新建动作"对话框，在"名称"文本框中输入"添加背景"，单击 记录 按钮，即可开始录
制，如图9-30所示。

STEP 03 选择矩形工具 🔲，设置填充为黄色（#601986）、轮廓为紫色（#601986），在小
狗头像中绘制一个矩形，如图9-31所示。

图9-29　打开素材

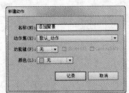

图9-30　新建动作

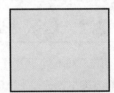

图9-31　绘制矩形

STEP 04 选择矩形，单击鼠标右键，在弹出的菜单中选择【排列】/【置于底层】命令，将矩
形放到最底层，然后选择所有对象，单击属性栏中的"水平居中对齐" 🔲 和"垂直居中对齐" 🔲 按
钮，得到图9-32所示的效果。

STEP 05 保存文件到相应的位置，单击"动作"面板底部的"停止播放/记录"按钮 ■，停
止录制动作，在"动作"面板中可以看到刚才所录制的动作内容，如图9-33所示。

STEP 06 单击"动作"面板右上角的 ▼ 按钮，在弹出的下拉菜单中选择【批处理】命令，打
开"批处理"对话框，在"动作"下拉列表中选择"添加背景"，如图9-34所示。

图9-32　对齐对象

图9-33　录制好的动作

图9-34　"批处理"对话框

STEP **07** 在"源"和"目标"下拉列表中选择"文件夹"选项，单击 选取(H)... 按钮，在打开的对话框中分别选择原图所在的文件夹和保存处理后的图像的文件夹，如图9-35所示。

STEP **08** 设置完成后，单击 确定 按钮即可进行批处理，处理后的图像将自动存放到文件夹中，图9-36所示是自动为文件夹中的图像添加背景画布的效果。

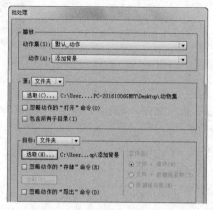

图9-35 "批处理"对话框

图9-36 处理后的图像

9.2.2 认识"动作"面板

"动作"面板主要用于记录、播放、编辑和删除各个动作，也可以存储和载入动作文件。在Illustrator CC中，选择【窗口】/【动作】命令，将打开图9-37所示的"动作"面板，在其中可以进行动作的相关操作。在处理图像的过程中，用户的每一步操作都可看作一个动作，如果将若干步操作放到一起，就成了一个动作集。单击▶按钮可以展开动作集或动作，同时该按钮将变为向下方向的按钮▼，再次单击▼即可恢复原状。

"动作"面板中各选项的含义分别如下。

●动作集：动作集是一系列动作的集合。

●动作：动作是一系列命令的集合。

●命令：指录制的操作命令，单击▶按钮可以展开命令列表，显示该命令的具体参数。

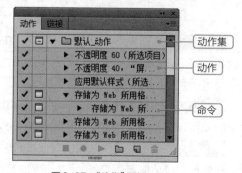

图9-37 "动作"面板

●切换项目开/关：若动作集、动作和命令前面有✔图标，表示该动作集、动作和命令可以执行。若动作集、动作和命令前面没有✔图标，则表示该动作集、动作和命令不可被执行。

●切换对话框开/关：若命令前有▢图标，表示执行到该命令时，将暂停并打开对应的对话框，此时可修改命令的参数，单击 确定 按钮后，将继续执行后面的动作；如果动作集和动作前出现该图标并变为红色，则表示该动作中有部分命令设置了暂停。

●停止播放/记录：单击■按钮，将停止播放动作或停止记录动作。

●开始记录：单击●按钮，可记录动作，处于记录状态时，按钮会变为红色。

●播放当前所选动作：单击▶按钮，将播放当前动作或动作集。

● 创建新动作集：单击 按钮，将创建一个新的动作集。

● 创建新动作：单击 按钮，将创建一个新动作。

● 删除所选动作：单击 按钮，可删除当前动作或动作集。

在"动作"面板的右上角单击 按钮，在弹出的下拉菜单中选择【按钮模式】命令，如图9-38所示，可将"动作"面板中的动作转换为按钮状态，如图9-39所示。在按钮模式下，单击一个按钮将执行整个动作，但不执行先前已排除的命令。

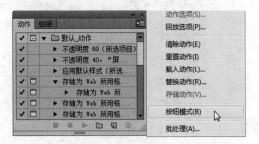

图9-38 选择命令

图9-39 按钮模式

9.2.3 创建新动作

虽然"动作"面板中提供了许多预设的动作，但在实际工作中，这些预设的动作是远远不够的，这就需要用户根据需要创建新动作。在创建新动作时，Illustrator CC将记录动作中所执行的每一步操作。

视频教学
创建新动作

创建新运作的具体操作步骤如下。

STEP 01 新建一个A4大小的文档，使用钢笔工具 绘制一个淡黄色实心图形，边框为红色，如图9-40所示。再选择旋转工具 ，按住【Alt】键在图形正下方位置单击，打开"旋转"对话框，设置"旋转角度"为20°，单击 复制(C) 按钮，如图9-41所示。

STEP 02 此时，将自动关闭"旋转"对话框，并复制一个对象，如图9-42所示的图形。然后按【Ctrl+D】组合键重复上一次操作，不断重复复制对象，直至形成图9-43所示的图形，然后按【Ctrl+G】组合键，将其编组。

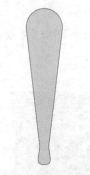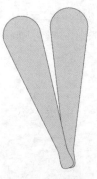

图9-40 绘制实心图形　　图9-41 "旋转"对话框　　图9-42 旋转对象　　图9-43 复制对象

STEP 03 选择【窗口】/【动作】命令，打开"动作"面板，单击"创建新动作"按钮 ，如图9-44所示。打开"新建动作"对话框，在"名称"文本框中输入"旋转复制"，单击 记录 按钮，即可开始录制，如图9-45所示。

图9-44　创建新动作

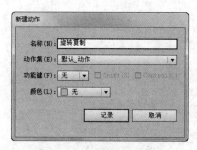

图9-45　"新建动作"对话框

STEP 04 选择对象，双击比例缩放工具 ，打开"比例缩放"对话框，设置"等比"为75%，单击 复制(C) 按钮，如图9-46所示。此时，即可得到图9-47所示的效果。

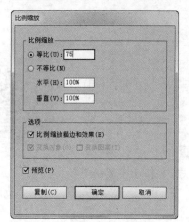

图9-46　缩放并复制对象

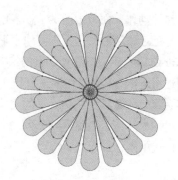

图9-47　缩放效果

STEP 05 双击旋转工具 ，打开"旋转"对话框，设置"角度"为10°，单击 确定 按钮，如图9-48所示。此时，可得到图9-49所示的效果。

STEP 06 单击"动作"面板底部的"停止播放/记录"按钮 ，完成动作的录制。在"动作"面板中可以看到刚才所录制的动作内容，如图9-50所示（效果所在位置：效果\第9章\手绘花朵.ai)。

图9-48　旋转对象

图9-49　查看旋转效果

图9-50　查看记录的动作

提示 在记录【存储为】命令时，不要更改文件名，如果输入新的文件名，则每次播放动作时，都会记录和使用该新名称。在存储之前，如果浏览到另一个文件夹，则可以指定另一位置而不必指定文件名。

"新建动作"对话框中各选项含义如下。

● 名称：在该文本框中可以为创建的新动作命名。

● 动作集：在该下拉列表框中可选择新动作所在的动作文件夹。

● 功能键：在该下拉列表框中可为新建的动作指定一个键盘快捷键。例如，设置"功能键"为F12，那么下次按【F12】键时，将直接使用当前动作。

● 颜色：在该下拉列表中可以为动作选择一种颜色。在动作录制完成后，可单击"动作"面板右上角的▤按钮，在弹出的下拉菜单中选择【按钮模式】命令，让动作显示为按钮，此时可通过颜色快捷地区分动作。

9.2.4 播放动作

在"动作"面板中录制好动作后，即可播放该动作，以便快速制作和编辑当前图形。播放动作有多种方法，用户可以根据实际情况播放所选择的动作。

1．播放某个动作

选择图9-51所示的图形对象，选择【窗口】/【动作】命令，打开"动作"面板。选择一个需要播放的动作，如"旋转复制"动作，再单击下方的"播放当前所选动作"按钮▶，如图9-52所示。

图9-51 选择对象

图9-52 播放某个动作

此时将自动播放该动作，同时得到图9-53所示的图形效果。多次单击"播放当前所选动作"按钮▶，图形将不断地被旋转复制，形成了一个漂亮的螺旋图案，如图9-54所示。

图9-53 播放动作效果

图9-54 螺旋图案效果

2. 播放动作中的某一命令

如果只想播放动作中的某一个命令，可先在"动作"面板中选择需要播放的命令，然后在按下【Ctrl】键的同时单击"播放当前所选动作"按钮 ►。若在单击"播放当前所选动作"按钮 ► 时没有按下【Ctrl】键，系统将会以该命令为开始，连续播放其下面的相应命令。

3. 播放动作过程中跳过某个命令

播放动作时，如果想跳过动作中的某个命令，只需单击取消此命令名称左侧的 ✔ 图标。

4. 播放动作过程中重新设置某个命令

单击 ✔ 图标右侧的 ▨ 图标，在该位置显示出 ▣ 图标，动作播放到此命令时就会弹出相应的选项设置对话框，允许用户对该命令的选项及参数重新设置。

5. 播放某个动作集中的所有动作

要播放某个文件夹中的所有动作，首先在"动作"面板中选择需要播放的动作集，然后单击 ► 按钮，将连续播放该动作集中的所有动作。

6. 设置动作播放速度

在"动作"面板中单击 ▤ 按钮，在弹出的下拉菜单中选择【回放选项】命令，打开图9-55所示的"回放选项"对话框，在其中选中相应的单选项，可以指定动作的播放速度。

图9-55 "回放选项"对话框

"回放选项"对话框中各选项的含义分别如下。

● 加速：选中该单选项，在播放动作时，将以正常速度进行播放，该选项处于默认选择状态。

● 逐步：选中该单选项，在播放动作时，将一步一步地完成每个命令的操作。

● 暂停：选中该单选项，并在其右侧的文本框中输入一个时间值，可以控制在播放动作时，播放完每个动作后所暂停的时间。

9.2.5 批处理效果

要应用动作同时对一个文件夹下的所有图像进行相同的处理，可通过【批处理】命令来完成，这样可以节省大量时间并提高工作效率。批处理的具体操作如下。

STEP 01 将需要处理的文件保存在一个文件夹中，如图9-56所示。在"动作"面板中记录一组动作，然后单击"动作"面板右上角的 ▤ 按钮，在弹出的下拉菜单中选择【批处理】命令，如图9-57所示。

视频教学
批处理效果

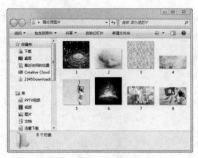

图9-56　原图像文件

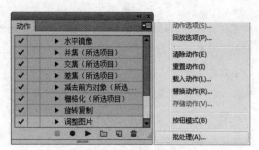

图9-57　选择【批处理】命令

STEP 02　打开"批处理"对话框，在"动作"下拉列表中选择要播放的动作，这里选择"调整图片"，如图9-58所示，在"源"下拉列表中选择"文件夹"选项，然后单击 选取(H)... 按钮，在打开的"选择批处理源文件夹"对话框中选择需要处理的文件夹，单击 选择文件夹 按钮，如图9-59所示。

图9-58　"批处理"对话框

图9-59　选择需要处理的文件夹

STEP 03　返回"批处理"对话框，在"目标"下拉列表中选择"文件夹"选项，单击 选取(H)... 按钮，在打开的对话框中选择处理后的图像存放的文件夹，如图9-60所示。设置完成后，单击 确定 按钮即可进行批处理，处理后的图像效果如图9-61所示。

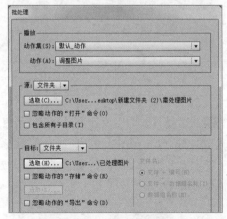

图9-60　选择目标文件夹

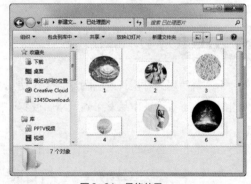

图9-61　最终效果

"批处理"对话框中主要选项的含义分别如下。

● 动作集：用于设置批处理效果的动作集。

● 动作：用于设置批处理效果的动作。

- 源：在"源"下拉列表框中可以指定要处理的文件。选择"文件夹"并单击 选取(C)... 按钮，可在打开的对话框中选择一个文件夹，批处理该文件夹中的所有文件。

- 忽略动作的【打开】命令：在"源"栏中，选中该复选框，在批处理时将忽略动作中记录的【打开】命令。

- 包含所有子目录：选中"包含所有子目录"复选框，可将批处理应用到所选文件夹包含的子目录。

- 目标：在"目标"下拉列表框中选择完成批处理后文件的保存位置。选择"无"选项，将不保存文件，文件将保持打开状态；选择"存储并关闭"选项，可以将文件保存在原文件夹中，覆盖原文件。单击 选取(H)... 按钮，可指定保存文件的文件夹。

- 忽略动作的【存储】命令：在"目标"栏中，选中"忽略动作的'存储'命令"复选框，动作中的【存储为】命令将引用批处理文件，而不是动作中自定的文件名和位置。

- 忽略动作的【导出】命令：在"目标"栏中，选中"忽略动作的'导出'命令"复选框，动作中的【导出】命令将引用批处理文件，而不是动作中自定的文件名和位置。

课堂练习 ——为插画添加透明边框

本练习将打开"夜色.ai"素材文件（素材所在位置：素材\第9章\课堂练习\夜色.ai），首先使用矩形工具 在图像中绘制两个矩形，然后通过"路径查找器"面板对其进行修剪，得到白色边框，最后在"动作"面板中播放"不透明度60"动作，效果如图9-62所示（效果所在位置：效果\第9章\课堂练习\为插画添加透明边框.ai）。

图9-62 实例效果

9.3 打印输出

无论是使用各种工具绘制图形，还是使用各种命令对图像进行处理，对于设计人员而言，最终目的都是希望将设计作品发布到网络中或打印出来。无论是哪一种方式，在作品完成但没有成稿之前，通常要打印样稿，用来检验、修改错误，或用来给客户查看初步效果。因此，掌握打印输出方面的知识是非常必要的，本节将详细讲解文件打印输出的相关知识。

9.3.1 课堂案例——打印图像

案例目标： 绘制好图像后，在"打印"对话框中对各选项进行设置，得到所需的图像打印效果。

知识要点： "打印"对话框；"打印首选项"对话框；设置打印参数。

素材位置： 素材\第9章\咖啡店海报.ai。

具体操作步骤如下。

STEP 01 确认打印机处于连机状态。打开需要打印的文档，如图9-63所示。选择【文件】/【打印】命令，打开"打印"对话框。单击该对话框左下角的 设置(U)... 按钮，如图9-64所示。

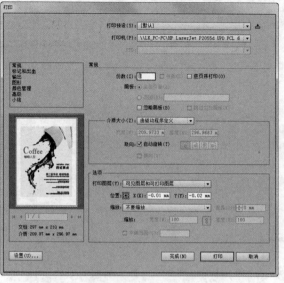

视频教学
打印图像

图9-63 打开文件　　　　　　　　　　　图9-64 "打印"对话框

STEP 02 在打开的提示对话框中单击 继续(C) 按钮，在打开的"打印"对话框的"选择打印机"列表框中选择连接的打印机，然后单击 首选项(R) 按钮，如图9-65所示。

STEP 03 打开"打印首选项"对话框，在其中设置纸张大小、每张打印页数和方向等参数，如图9-66所示。

图9-65 设置打印机　　　　　　　　　　图9-66 设置打印首选项

STEP 04 各选项设置完成后单击 确定 按钮，返回"打印"对话框，单击 打印(P) 按钮，返回"打印"对话框。在预览区中检查图像，确认无误后，单击 打印 按钮，即可完成图像的打印输出，得到所需要的图像。

9.3.2　设置打印页面

打印页面的设置非常重要，它决定了打印的效果。在实际工作中既可以打印单页文件，又可以打印多页文件，还可以调整页面大小和方向等。

1. 重新定位页面上的图稿

选择【文件】/【打印】命令，打开"打印"对话框，如图9-67所示，在该对话框左下角的预览区，显示了页面中图稿的打印区域。在预览图像上单击并拖动鼠标，可以调整图稿打印区域，如图9-68所示。

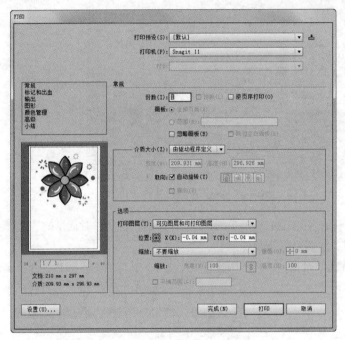

图9-67　"打印"对话框

图9-68　调整图稿的打印区域

技巧　在"选项"栏，在"位置"栏的"x"和"y"文本框中输入精确的数值，可以精确定义或微调图稿的打印区域。

2. 打印多个画板

创建具有多个画板的文件时，可以通过多种方式打印该文件。可以忽略画板，在一页上打印所有内容（如果画板超出了页面边界，可能需要拼贴）。也可以将每个画板作为一个单独的页面打印。将每个画板作为一个单独的页面打印时，可以选择打印所有画板或打印一定范围的画板，如图9-69所示。

打印画板中各选项的含义分别如下。

● 份数：在文本框中输入数值可确定每页图稿将打印的份数。

● 逆页序打印：选中"逆页序打印"复选框，将从后到前一次输出多份。

图9-69　设置打印画板

● 拼版：如果图稿超出了页面边界，可以对其进行缩放或选中"拼板"复选框对其进行拼贴。

● 全部页面：选中"全部页面"单选项，在画板上具有图稿的所有页面都将打印。此时，可以看到"打印"对话框左下角的预览区域中列出了所有页面。

● 范围：选中"范围"单选项，并在文本框中输入数值范围，只有这些数值范围内的页面才能打印。

● 忽略画板：如果要在一页中打印所有画板上的图稿，可选中"忽略画板"复选框。

● 跳过空白画板：选中"跳过空白画板"复选框，可自动跳过不包含图稿的空白画板。

3. 更改页面大小和方向

Illustrator CC通常使用所选打印机的PPD文件定义的默认页面大小，但可以把介质尺寸更改为PPD文件中所列的任一尺寸，并且可指定纵向或横向。

在"打印"对话框中，"介质大小"下拉列表框中包含了Illustrator CC预设的打印介质选项，选择相应的选项，可将图稿打印到相应大小的纸张上，如图9-70所示。如果打印机的PPD文件允许，可在该下拉列表框中选择"自定"选项，然后在下方的"宽度"和"高度"文本框中设置一个自定义的页面大小。同时，可选中下方的复选框以指定其方向。

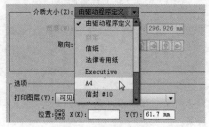

图9-70 调整页面大小

4. 在多个页面上拼贴图稿

打印单个画板中的图稿（或在忽略画板的情况下打印）时，如果一个页面中无法容纳要打印的内容，可以拼贴图稿到多个页面上，并将其打印在多张纸上。分割画板以适合打印机的可用页面大小的过程称为拼贴，可以在"打印"对话框的"常规"栏中选中"忽略画板"复选框，然后在"选项"栏的"缩放"下拉列表中选择相应选项，如图9-71所示。如果要查看画板上的打印拼贴边界，可选择【视图】/【显示打印拼贴】命令，效果如图9-72所示。

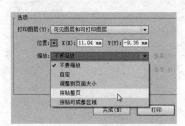

图9-71 拼贴图稿

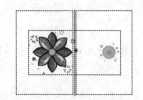

图9-72 多个页面拼贴的画板

将画板分为多个拼贴时，会从左至右并且从顶部到底部对页面进行编号（从第1页开始）。这些页码将显示在屏幕上，但仅供参考，且不会打印出来。同时，使用页码可以打印文件中的所有页面或指定特定页面进行打印。

"缩放"下拉列表中"拼贴整页"和"拼贴可成像区域"选项的作用分别如下。

● 拼贴整页：可以将画板划分为全介质大小的页面以进行输出。

● 拼贴可成像区域：根据所选设置的可成像区域，将画板划分为一些页面，在输出大于设置的可处理图稿时，该选项非常有用，因为可以将拼贴的部分重新组合成原来的较大图稿。

5. 为打印缩放文件

如果要将一个超大文件放入小于图稿实际尺寸的纸张上进行打印，可在"打印"对话框的"缩放"下拉列表中选择相应选项，以调整文档的宽度和高度，如图9-73所示。

若要禁止缩放，可选择"不要缩放"选项；若要自动缩放使之适合页面，可选择"调整到页面大小"选项；缩放百分比由所选PPD定义的可成像区域决定。若要激活"宽度"和"高度"文本框，可选择"自定"选项。然后在"宽度"或"高度"文本框中输入1~1000之间的数，如图9-74所示。需注意的是，缩放并不影响文件中页面的大小，只是改变文件打印的比例。

图9-73　选择缩放选项

图9-74　自定缩放

疑难解答　在打印图像时为什么对话框设置会不一样？

由于打印机的功能各不相同，所以在打开"打印首选项"对话框时，对话框中的参数设置会根据所选打印机显示不同的选项设置，但差别不大，用户只需仔细观察，就可得到所需的打印效果。

9.3.3　印刷标记和出血

为打印准备图稿时，打印设备需要精确套准图稿像素并校验正确的颜色。出血指图稿位于印刷边框，裁切线和裁切标记之外的部分。在"打印"对话框中，选择左侧列表中的"标记和出血"选项卡，即可添加印刷标记的种类和出血，如图9-75所示。

"打印"对话框中部分选项的作用介绍如下。

- 所有印刷标记：一次性选择所有输出的标记。
- 裁切标记：用于在页面中划定修边位置的水平或垂直标记线，可帮助各分色相互对齐。
- 套准标记：在页面区外加上小"标记"，以对齐彩色文件中的不同分色。
- 颜色条：加入代表CMYK油墨和色调灰度的彩色小方块。服务供应商会使用这些标记来调整印刷

图9-75　标记和出血

时的墨水浓度。

- 页面信息：以文件名称、打印日期时间、使用网频、分色片的网线角度以及每个特定通道的颜色来标示底片，这些标签会显示在图像上方。
- 印刷标记类型：可以选择"日式""西式"选项，也可以创建自定的印刷标记或使用由其他公司创建的自定标记。
- 裁切标记粗细：决定了裁切、出血和套准标记的线条粗细。
- 位移：指定打印页面信息或标记距页面边缘的宽度（裁切标记的位置）。只有在"印刷标记类型"中选择"西方"时，此选项才可用。
- 出血：指定裁切标记与文件之间的距离。若要避免在出血上绘制打印机的标记，则输入大于出血值的位移值。
- 顶、底、左、右：在右侧的文本框中可输入0~72 mm之间的值，以指定出血标记的位置。
- 连接图标：单击⬚图标可以使上出血、下出血、左/内出血和右/外出血使用相同的值。

技巧 出血线的粗细为0.1 mm，长度按实际需要而定，一般为3 mm。出血宽度一般为3 mm，较厚的印刷品出血设置为4~5 mm。出血线的颜色必须取四色黑或"套版色（注册色）"。

🚩 课堂练习 ——打印图像

本练习将打开"书签.ai"素材文件（素材所在位置：素材\第9章\课堂练习\书签.ai），如图9-76所示。通过【打印】命令，在"打印"对话框中设置参数，预览打印效果后，以适合纸张大小打印出来。查看书签的设计效果，以确定后期是否需要再次修改。

图9-76　打印书签

9.4 上机实训——制作并打印海报

9.4.1 实训要求

本次上机实训将先制作一个海报，在制作过程中需要新建一个动作，以便以后使用。然后通过"打印"对话框设置各选项，将海报打印出来。

9.4.2 实训分析

本实训将结合之前所学的多种功能命令制作一个海报图像，并在其中创建动作，然后使用【打印】命令打开"打印"对话框，设置所需参数，得到打印效果。本实训的参考效果如图9-77所示。

视频教学
制作并打印海报

图9-77 打印的图像

素材所在位置： 素材 \ 第9章 \ 上机实训 \ 花朵.ai、墨迹.ai、猫头鹰.ai。

效果所在位置： 效果 \ 第9章 \ 上机实训 \ 夏季上新海报.ai。

9.4.3 操作思路

本实训需要完成的主要操作包括制作广告背景、输入文字、打印设置，操作思路如图9-78所示。

图9-78 操作思路

【步骤提示】

STEP 01 新建一个图像文件，使用钢笔工具 在画面左上方和右下方分别绘制多个三角形，填充颜色为淡黄色（＃F0EDCB）和淡蓝色（＃BDD7F0）。

STEP 02 打开"动作"面板，单击面板底部的"创建新动作"按钮 ，在打开的对话中设置动作名称。

STEP 03 选择绘制的三角形，通过工具属性栏降低其透明度。

STEP 04 单击"动作"面板底部的"停止播放/记录"按钮 ，停止动作的记录，以便在处理同类图像时可以进行播放。

STEP 05 置入"花朵.ai""墨迹.ai"素材文件，将它们分别放到画面上下两侧，并适当调整图像大小。

STEP 06 选择文字工具 ，输入中英文广告文字，并在工具属性栏中设置字体为"方正大标宋体"，填充颜色分别为绿色（＃809A5E）和橘红色（＃EF856B）。

STEP 07 选择【文件】/【打印】命令，打开"打印"对话框。单击"打印"对话框左下角的 设置(U)... 按钮。在打开的提示对话框中单击 继续(C) 按钮，在打开的"打印"对话框的"选择打印机"列表框中选择连接的打印机，然后单击 首选项(R) 按钮。

STEP 08 打开"打印首选项"对话框，在其中设置纸张方向、每张打印页数和纸张质量等参数。

STEP 09 各选项设置完成后单击 确定 按钮，返回"打印"对话框，单击 打印(P) 按钮，返回"打印"对话框。单击 打印 按钮，即可完成图像的打印输出，得到所需要的图像。

9.5 课后练习

1. 练习1——*制作并打印海报*

本练习将制作一个音乐节的海报图像并进行打印。首先通过前面学习过的知识，绘制渐变矩形，并添加素材图像，输入文字，然后对图像进行打印，在打印设置时注意打印的大小和方向。图像效果如图9-79所示。

素材所在位置： 素材＼第9章＼课后练习＼彩色背景.ai。

效果所在位置： 效果＼第9章＼课后练习＼音乐节海报.ai。

2. 练习2——*为科技工具网站切片*

本练习将打开已经绘制好的"科技工具网站.jpg"图像，然后使用切片工具 在其中绘制矩形方框，划分切片区域，完成后再通过【存储为Web所用格式】命令将其存储为单张图像，切片后的参考效果如图9-80所示。

素材所在位置： 素材＼第9章＼课后练习＼科技公司网站.jpg。

图9-79 海报效果

效果所在位置：效果＼第9章＼课后练习＼为科技公司网站切片.ai。

图9-80　完成后的效果

3. 练习3——*使用"动作"制作透明效果*

本练习将通过"动作"面板快速制作图像的透明效果，打开"花环.ai"素材文件，选择"动作"面板中的"不透明度40"选项进行播放，即可得到透明效果，完成后的效果如图9-81所示。

素材所在位置：素材＼第9章＼课后练习＼花环.ai。

效果所在位置：效果＼第9章＼课后练习＼透明效果.ai。

图9-81　透明图像前后的效果

第**10**章

综合案例

前面的章节主要是对Illustrator CC的单个知识点进行讲解。本章将对所学知识点进行整合，通过综合案例，讲解Illustrator CC在实际工作中的应用。下面将从包装设计、平面设计、招贴与手绘设计3个方面，对Illustrator CC的综合使用方法进行讲解。

📡 课堂学习目标

- 掌握包装设计的方法
- 掌握平面设计的方法
- 掌握招贴设计与手绘的方法

▶ 课堂案例展示

饮料包装

标志

名片

小鸟水墨装饰画

10.1 包装设计

随着社会的发展，人们对产品除了品质方面的要求外，对包装也有一定的要求。良好的包装设计能突出产品的设计理念，展示深层内涵，有助于激发消费者产生购买欲，从而促进产品销售。下面以饼干包装和饮料为例，讲解产品包装设计与制作的方法。

10.1.1 饼干包装设计

本实例将设计一个简单大方且具有温馨感的饼干包装效果。在颜色的选择上，以灰色为背景，突出包装的透明效果；在装饰的选择上，以各种弧形的组合为主，使整个画面美观。完成后的效果如图10-1所示。

视频教学
饼干包装设计

知识要点：钢笔工具；高斯模糊；渐变填充；文字工具。

素材位置：素材\第10章\背景.jpg、光源.ai。

效果文件：效果\第10章\饼干包装.ai、饼干海报.ai。

图10-1 饼干包装效果

1. 案例分析

由于不同包装所对应的设计不同，因此在构思和选材、图形设计、色彩设计、文字设计和排版设计等方面都需要特别注意，下面分别进行介绍。

● **构思和选材：**可根据产品的不同，选择不同包装进行构思和选材。另外，也可根据消费人群进行包装的设计。

● **图形设计：**目前市场上的饼干消费者中，70%为年轻女性和青少年，部分生产厂家看到这一消费群体的潜力，推出专门针对这一消费群体的新产品及包装风格。在图形设计上通过抽象、卡通的图形来赋予寓意，以形象、生动的方式吸引消费者。本实例的饼干包装，以独特的卡通造型作为包装设计的主图形，与市场上的主流包装区别开来，有自己的风格，能吸引消费者的眼球，激发消费者的购买欲。

- 色彩设计：包装色彩是以人的联想和对色彩的习惯为依据，并进行高度的夸张和变化，以求新求异。色彩会使消费者产生相应的联想，起到烘托主题、吸引顾客视觉注意力的作用。也可通过色彩来体现食品包装的文化，并从食品的特点出发，设计需同时兼顾消费者喜好的包装。

- 文字设计：文字设计兼顾思想性与艺术性，严格遵循文字设计原则，可使产品形象生动、传神、易读易记，非常具有亲和力，有效拉近与消费群体的距离，激发消费者对产品价值的认识，进而促进产品销售。

- 排版设计：文字的编排处理是形成包装形象的又一重要因素，编排处理不仅要注意字与字的关系，而且要注意行与行、组与组的关系。饼干包装上的文字编排是根据不同的包装盒，在不同方向、不同位置、不同大小的面上进行整体考虑而确定的，编排形式十分丰富。文字编排设计的基本要求是根据内容的属性以及文字本身的主次，从整体出发，把握编排的重点。

2．操作思路

在制作饼干包装前需要理清思路，本实例要依次完成以下4项内容。

- 包装袋的制作：使用钢笔工具 绘制包装袋的轮廓，并使用镜像工具 制作包装袋的棱角部分，效果如图10-2所示。

- 包装袋底纹的制作：使用椭圆工具绘制圆，并裁剪不需要的区域，然后使用钢笔工具 绘制包装袋的底纹部分，效果如图10-3所示。

- 商标的制作：使用椭圆工具 绘制椭圆并填充颜色，完成后在上方输入文字，并对文字添加投影，效果如图10-4所示。

- 其他区域的制作：使用钢笔工具 绘制云朵形状，并在上方输入文字，完成整个包装的制作，效果如图10-5所示。

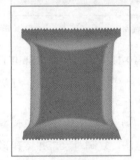 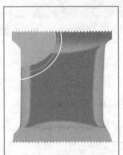  

图10-2　包装袋的制作　　图10-3　包装袋底纹的制作　　图10-4　商标的制作　　图10-5　其他区域的制作

3．操作过程

具体操作步骤如下。

STEP 01 新建一个A4大小的文档，设置"填充"为无，"描边"为黑色，然后使用钢笔工具 绘制包装袋的轮廓，取消描边并填充为"#A4A4A4"，如图10-6所示。使用钢笔工具 在包装袋的轮廓上方绘制一个无填充和无描边的半圆形，如图10-7所示。

STEP 02 打开"渐变"面板，给半圆形填充图10-8所示的线性渐变颜色。

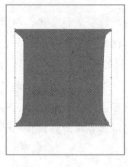   

图10-6　绘制包装袋轮廓　　　图10-7　绘制图形　　　　　　　图10-8　设置渐变颜色

STEP 03 再选择镜像工具，在图形下边缘的中间位置单击鼠标，定位中心点，按住【Alt】键的同时按住鼠标左键在图形上拖动，镜像复制该图形，如图10-9所示，然后将该图形移至最下方，如图10-10所示。

STEP 04 使用钢笔工具在包装袋的轮廓左侧绘制一个无填充和无描边的形状，并打开"渐变"面板，给其填充如图10-11所示的线性渐变颜色，并在工具属性栏中设置"不透明度"为50%。

 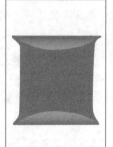  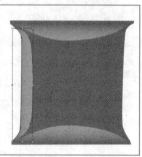

图10-9　镜像复制图形　　　图10-10　移动图形　　　　　图10-11　制作包装侧面立体效果

STEP 05 使用镜像对象的方法，复制左侧的形状至右侧，效果如图10-12所示。按住【Shift】键同时选择四周的高光形状，选择【效果】/【模糊】/【高斯模糊】命令，打开"高斯模糊"对话框，选中"预览"复选框，设置"半径"为10，如图10-13所示。

STEP 06 单击 确定 按钮，返回图像窗口可查看模糊后的效果。再使用钢笔工具在包装袋上方绘制图10-14所示的形状，并填充为"#A4A2A2"。使用镜像对象的方法，复制对象，并将其移至下方，再使用直接选择工具选择对象左右两个锚点，调整它们的位置，使它们与中间的对象连接并呈斜角效果，如图10-15所示。

STEP 07 按住【Shift】键的同时选择包装袋轮廓和上下方锯齿形状，再按【Ctrl+G】组合键将它们编组。按【Ctrl+C】和【Ctrl+F】组合键在原位复制该图形，然后使用椭圆工具在包装袋左上角绘制一个椭圆，如图10-16所示。同时选择包装袋轮廓和椭圆，再按【Shift+Ctrl+F9】组合键，打开"路径查找器"面板，单击"裁剪"按钮，如图10-17所示。

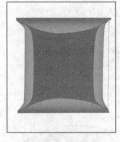

图10-12　复制图形　　　　图10-13　模糊图形　　　　图10-14　绘制锯齿图形　　图10-15　镜像并调整图形

STEP 08 此时，可得到裁剪图像，在其上单击鼠标右键，在弹出的快捷菜单中选择【取消编组】命令，取消对象编组，如图10-18所示。使用选择工具 选择裁剪的圆形，按【Delete】键将其删除，再选择包装袋上的剪切对象，将其填充为"#F5C623"，如图10-19所示。

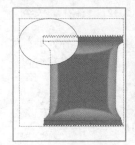

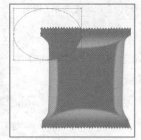
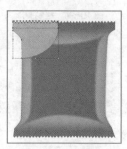

图10-16　编组并绘制图形　　图10-17　裁剪图形　　　　图10-18　取消编组　　　　图10-19　填充图形

STEP 09 使用钢笔工具 在剪切对象右侧绘制两条弧线，分别设置线条颜色为"#F5C623"和白色，"描边粗细"分别为0.827 mm和0.971 mm，如图10-20所示。再次原位复制包装袋的整个轮廓图形，然后使用钢笔工具 在下方绘制如图10-21所示的形状，并填充为"#F5C623"。

STEP 10 同时选择下方绘制的形状和复制的包装袋轮廓，使用第7步的方法对图形进行裁剪，如图10-22所示。取消编组，并删除轮廓外的图形，然后选择包装袋内裁剪的图形，将其填充为"#F5C623"，如图10-23所示。

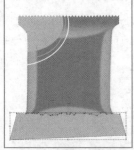
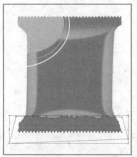

图10-20　绘制线条　　　　图10-21　绘制并填充图形　　　图10-22　裁剪图形　　　　图10-23　填充图形

STEP 11 使用钢笔工具 在底部黄色图形上方绘制一些小的图形块，并填充为"#F5C623"，如图10-24所示。然后使用椭圆工具 绘制3个椭圆，分别填充为"#31ACDD""#E78B22""#BCD03A"，"描边粗细"分别为0.2mm、0.2 mm、0.15 mm，如图10-25所示。

STEP 12 使用文字工具 **T** 在图形上方输入文字"嘉佳"，在工具属性栏中设置"字体"、"字体大小"、"颜色"、"描边颜色"和"描边粗细"分别为华文琥珀、16 pt、"#EBE238"、黑色和0.1 mm，如图10-26所示。在原位复制该文字，并填充为黑色，设置颜色和"描边粗细"分别为黑色、0.353 mm，再按【Ctrl+[】组合键，将其下移一层，得到图10-27所示的效果。

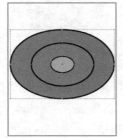

图10-24　绘制图形　　图10-25　绘制并填充椭圆　　　图10-26　输入文字　　　图10-27　复制并编辑文字

STEP 13 再次使用文字工具 **T** 在右侧输入文字"TM"，并设置"字体"和"字体大小"分别为微软雅黑和6 pt，如图10-28所示。选择整个图形，按【Ctrl+G】组合键编组，并将其移至包装袋左上角，如图10-29所示。

STEP 14 使用椭圆工具 **○** 和矩形工具 **□** 绘制多个重叠图形，并将它们填充为"#D39E21"，如图10-30所示。打开"路径查找器"面板，单击"联集"按钮 **▣**，如图10-31所示。

图10-28　输入文字　　　图10-29　编组对象　　　图10-30　绘制图形　　　图10-31　联集图形

STEP 15 此时可查看图形联集后的效果。将图形移至包装袋的中间位置，如图10-32所示。保持该图形的选择状态，按【Ctrl+C】和【Ctrl+F】组合键在原位复制该图形，然后在按住【Shift+Alt】组合键的同时，将鼠标指针置于图形右下角，并向外侧拖动，放大图形，如图10-33所示。

STEP 16 按【Ctrl+[】组合键将图形下移一层，得到图10-34所示的效果。使用文字工具 **T** 在中间的图形上输入"曲奇饼干"，设置"字体"、"字体大小"和"颜色"分别为方正准圆简体、37 pt和白色，如图10-35所示。

STEP 17 选择直排文字工具 **IT**，在文字左侧输入"牛奶"，设置"字体大小"为18 pt，如图10-36所示。再使用相同的方法在下方输入文字，如图10-37所示。

STEP 18 使用圆角矩形工具 **□** 在文字下方绘制一个长方形的圆角矩形，并填充为"#DD8726"，如图10-38所示。使用文字工具 **T** 在中间的图形上输入文字，设置"字体"、"字体大小"和颜色分别为黑体、8 pt和白色，如图10-39所示。

图10-32　调整图形位置

图10-33　原位复制并编辑图形

图10-34　调整图形顺序

图10-35　输入文字

图10-36　输入直排文字

图10-37　输入横排文字

图10-38　绘制长方形

图10-39　设置字体样式

STEP 19　使用椭圆工具◯和钢笔工具◢在文字上方绘制笑脸图形，并将其填充为白色，如图10-40所示。使用前面相同的方法在包装袋上方的高光处继续绘制半圆形，并填充为图10-41所示的线性渐变颜色。

STEP 20　在工具属性栏中设置"不透明度"为50%，效果如图10-42所示。使用相同的方法在左上角位置绘制高光，使黄色和标志图形同样具有立体感，效果如图10-43所示。

图10-40　绘制图形

图10-41　设置渐变颜色

图10-42　设置不透明度

图10-43　绘制高光

STEP 21 使用直线段工具 ✏ 在包装袋顶部的锯齿下方绘制一条直线，并设置"描边颜色"和"描边粗细"分别为"#8E8D90"和0.2 mm，如图10-44所示。选择直线，按住【Alt】键向上方移动复制两条线条，效果如图10-45所示。

STEP 22 使用相同的方法将线条复制到下方，并调整线条长度，效果如图10-46所示。选择整个包装，按住【Alt】键向右侧移动进行复制，然后分别选择黄色区域，将其填充为"#8EB746"或与绿色相近的颜色，最终效果如图10-47所示。

图10-44　绘制直线

图10-45　复制线条

图10-46　调整线条长度

图10-47　最终效果

STEP 23 打开"背景.jpg"素材文件，将完成后的饼干包装拖到图像中并调整大小和位置，如图10-48所示。打开"光源.ai"素材文件，将其中的光晕拖到图像中，调整大小和位置，完成后保存图像并查看完成后的效果，如图10-49所示。

图10-48　添加图像到背景中

图10-49　添加光晕

10.1.2　饮料包装设计

　　本实例将设计饮料包装，以简洁的构图、明亮的色调体现这款运动饮料的青春活力。本实例运用矩形工具、钢笔工具绘制易拉罐轮廓，结合渐变填充制作出具有真实质感的易拉罐图形，再结合文字工具添加品牌信息，使其内容完整、效果真实。最终效果如图10-50所示。

视频教学
饮料包装设计

　　知识要点：钢笔工具、矩形工具、渐变填充、文字工具。

　　素材位置：素材 \ 第10章 \ 饮料包装 \ 。

　　效果文件：效果 \ 第10章 \ 饮料包装.ai 。

1. 案例分析

包装是品牌理念、产品特性、消费心理的综合反映，它直接影响消费者的购买欲望。包装作为体现产品价值的手段，在生产、流通、销售和消费领域中，发挥极其重要的作用，是设计的重要课题。制作饮料包装需要注意以下事项。

- 制作之前先了解制作的产品类型、产品面对的消费群体及市场潜力。
- 了解上述情况后，根据要求制作适合这款产品的包装。
- 开始制作。本实例制作的是一款柠檬味的碳酸饮料的包装。采用蓝色的渐变作为包装的背景，加上黄绿色的主体产品和醒目的文字，能让人产生清凉的感觉。同时在产品包装上加上原材料"柠檬片"图案，将饮料口味直观地的展示给消费者。

图10-50 饮料包装

2. 操作思路

在制作饮料包装前需要理清思路，本实例要依次完成以下4项内容。

- 制作易拉罐轮廓：使用钢笔工具 绘制易拉罐的轮廓，效果如图10-51所示。
- 填充不同的渐变色：给轮廓的各个区域填充渐变色，使其美观、完整，效果如图10-52所示。
- 添加图像和文字：给易拉罐的瓶颈添加高光，完成后添加柠檬图案，并在右侧输入文字，效果如图10-53所示。
- 添加阴影：在易拉罐的左右两侧添加阴影，使整个易拉罐具有立体感，效果如图10-54所示。

图10-51 制作易拉罐轮廓   图10-52 填充渐变色   图10-53 添加图像和文字   图10-54 添加阴影

3. 操作过程

具体操作步骤如下。

STEP 01 新建空白文档，选择钢笔工具 ，绘制易拉罐的罐身、罐口和罐底，并设置易拉罐的"高度"为150 mm，如图10-55所示。

STEP 02 选择易拉罐罐身部分，为其填充"C0、M5、Y75、K0"到"C30、M0、Y85、K0"的径向渐变，如图10-56所示。

图 10-55 绘制易拉罐外形

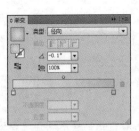

图 10-56 为易拉罐添加径向渐变

STEP 03 选择罐口内层和外层的图形，在"渐变"面板中分别填充颜色，从左到右依次为黑＼白＼灰＼白的金属渐变，从左到右依次为黑＼白＼灰的金属渐变，如图10-57所示。

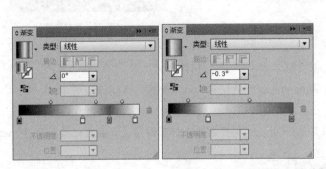

图 10-57 为易拉罐罐口添加金属渐变

STEP 04 使用相同的方法选择罐底部分，为其填充金属渐变，颜色依次为100%黑＼白＼黑，如图10-58所示。

STEP 05 选择罐口的下面部分，在"渐变"面板中为其填充"C40、M65、Y90、K35"到"C75、M80、Y100、K60"的径向渐变。使用相同的方法填充罐底部分，如图10-59所示。

图 10-58 为罐底填充金属渐变　　　　图 10-59 为罐口和罐底填充径向渐变

STEP 06 去掉所有描边，使用钢笔工具 绘制一个菱形，作为罐子的高光区域，填充色为"C5、M0、Y30、K0"，选择【效果】/【模糊】/【高斯模糊】命令，设置"半径"为2.0像素，单

击 ▭确定▭ 按钮，效果如图10-60所示。

STEP 07 选择椭圆工具 ◎，绘制一个椭圆置于菱形的中间，设置填充色为"C5、M0、Y30、K0"，对其进行高斯模糊，设置半径为"1.0像素"，效果如图10-61所示。

图 10-60 绘制菱形并高斯模糊　　　　　　　　图 10-61 绘制椭圆并高斯模糊

STEP 08 将菱形和椭圆编组制作高光，放在罐体合适的位置，并且复制一个高光，缩小放于图10-62所示位置。

STEP 09 再用椭圆工具 ◎ 绘制一个细长的椭圆，同时对其进行高斯模糊，"模糊半径"为1.0像素，将高光部分放在罐身上，效果如图10-63所示。

图 10-62 制作并复制高光　　　　　　　　　　图 10-63 绘制椭圆并高斯模糊

STEP 10 打开"柠檬片.psd"图像文件，缩小并复制两个，放到图10-64所示的位置。

STEP 11 打开"文字.ai"图像文件，将文件拖至柠檬图像的左侧，完成后调整大小和位置，如图10-65所示。

STEP 12 选中罐身部分并进行复制，为其填充一个从白到黑的线性渐变，效果如图10-66所示。

  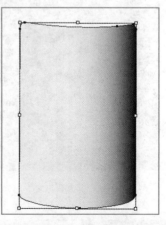

图 10-64 添加柠檬片素材　　图 10-65 输入文字并创建轮廓　　图 10-66 复制罐身并添加渐变

STEP 13 选择设置渐变的图形，将其置于顶层，然后放在罐身上，与罐身重叠，效果如图10-67所示。

STEP 14 打开"透明度"面板，设置混合模式为"正片叠底"，制作罐身的阴影部分。使用相同的方法，制作左侧的阴影，如图10-68所示。

图10-67　重叠渐变图形　　　　　　　　　　　　　　图10-68　制作阴影效果

STEP 15 置入"海水.jpg"素材文件，将其作为背景。稍微倾斜易拉罐包装，调整合适的大小放在背景上，如图10-69所示。

STEP 16 打开"气泡.ai"素材文件，将气泡拖到图像中，调整各个气泡的大小和位置效果，如图10-70所示。

STEP 17 打开"文字.ai"图像文件，将文字拖到图像的上方，调整文字位置，完成后保存图像，并查看完成后的效果，如图10-71所示。

图10-69　添加素材文件　　　　　　　图10-70　添加气泡　　　　　　　图10-71　添加文字

10.2　平面设计

平面设计又称为视觉传达设计，它以"视觉"作为沟通和表现的方式，透过符号、图片和文字等视觉元素，来传达设计理念和目标内容。Illustrator CC在平面设计中主要涉及标志、海报、名片等内容。下面以标志、画册和名片为例，讲解Illustrator CC在平面设计中的运用。

10.2.1　标志设计

标志指具有代表意义的图形符号，它具有高度浓缩并快速传达信息、便于记忆的特点。本实例将制作一个儿童服装标志，制作时先使用钢笔工具绘制标志的形状，然后在下方输入标志文字，最终效果如图10-72所示。

视频教学
标志设计

图10-72　标志效果

知识要点： 钢笔工具；文字工具；多边形工具；椭圆工具。

效果文件： 效果\第10章\儿童服装标志.ai。

1.　案例分析

标志主要是通过造型简单和意义明确的视觉符号，将经营理念、经营内容、企业文化、企业规模和产品特性等要素传递给买家，使其能够明确识别和认同企业的形象。标志是构成企业形象的基本要素，一般以具有立体视觉的图形和文字来体现，以彰显品牌形象，给用户留下深刻印象。图10-73所示即为较成功的标志设计。

图10-73　较成功的标志设计

由此可见，优秀的标志设计可以准确地把抽象的形象与概念转化为视觉印象，要达到这种效果，在设计时要注意以下3方面。

- 简洁鲜明：标志应简洁鲜明、富有感染力，能够直接体现企业文化、品牌理念的内容。
- 美的体现：除了追求形体简洁、形象明朗、引人注目以及易于识别、理解和记忆，还要讲究点、线、面、体等设计要素的搭配，保证标志的优美精致。
- 稳定性与一惯性：标志应保持稳定性、一贯性，切忌经常更换。

2. 操作思路

在制作儿童服装标志前需要理清思路，本实例要依次完成以下4项内容。

● 制作小熊轮廓：使用椭圆工具绘制3个椭圆，并使用"联集"按钮将3个椭圆连接起来，效果如图10-74所示。

● 制作小熊图像：使用钢笔工具、椭圆工具绘制小熊的内部图像，效果如图10-75所示。

● 添加文字：在图像的下方输入文字，并在中间区域绘制心形图像，如图10-76所示。

图10-74　小熊轮廓　　　　　　　图10-75　小熊图像　　　　　　　图10-76　添加文字

3. 操作过程

具体操作步骤如下。

STEP 01 新建一个A4大小的文档，并设置画布颜色为深蓝色，选择椭圆工具 ⬭，按住【Shift】键并拖动鼠标在图像窗口中绘制一个正圆形，然后填充白色，如图10-77所示。使用相同的方法在左上角绘制两个小圆形，如图10-78所示。

图10-77　绘制正圆　　　　　　　　　　　　　图10-78　绘制小圆形

STEP 02 选择图像窗口中的3个圆形，按【Shift+Ctrl+F9】组合键，打开"路径查找器"面板，单击"联集"按钮 ▣，得到图10-79所示的效果。

STEP 03 选择钢笔工具 ✐，绘制一个异形三角形，并设置填充颜色、描边颜色、描边粗细分别为"#FAED00""#3C78BD""1.5 mm"，如图10-80所示。

图10-79 联集圆形

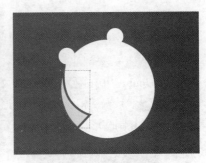

图10-80 绘制图形

STEP 04 使用相同的方法在右侧绘制图10-81所示的形状，并设置"填充颜色"、"描边颜色"和"描边粗细"分别为"#62B4E5"、"#3C78BD"、1.5 mm。

STEP 05 继续使用椭圆工具 ◎ 绘制两个重叠的圆形，并设置填充颜色为"#3C78BD"，如图10-82所示。

STEP 06 打开"路径查找器"面板，单击"减去顶层"按钮 ，得到图10-83所示的月亮图形效果。

图10-81 绘制图形

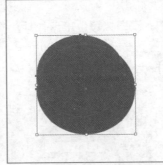

图10-82 填充图形

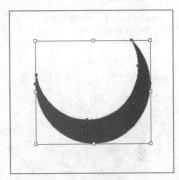

图10-83 月亮图形

STEP 07 将月亮图形移至图形的白色区域中，然后按住【Alt】键向右侧拖动鼠标复制该图形，得到图10-84所示的效果。继续使用钢笔工具 ，在眼睛下方绘制图10-85所示的蓝色图形。

图10-84 移动并复制图形

图10-85 绘制图形

STEP 08 选择文字工具 T ，在图形下方输入文本"Bear children"，设置"字体"、"字体大小"和"颜色"分别为"方正准圆简体"、46 pt和白色，再将光标定位于英文单词的中间，按4次空格键，空出距离，效果如图10-86所示。

STEP 09 选择椭圆工具 ，在图像窗口中单击，打开"椭圆"对话框，设置"宽度"和"高度"均为7 mm，单击 确定 按钮，如图10-87所示。

STEP 10 得到相应大小的圆形，并将其填充为"#DC7CAD"，再选择圆形，按住【Alt】键向右侧拖动复制圆形，如图10-88所示。

图10-86　输入文字

图10-87　"椭圆"对话框

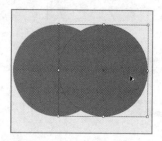

图10-88　绘制并复制圆形

STEP 11 选择两个圆形，单击工具属性栏中的"对齐"按钮 对齐 ，打开"对齐"面板，单击"垂直顶对齐"按钮 ，对齐圆形，如图10-89所示。

STEP 12 选择多边形工具 ，在图像窗口单击，打开"多边形"对话框，设置"半径"为4.5 mm，"边数"为4，单击 确定 按钮，如图10-90所示。得到相应大小的矩形，将其填充为"#DC7CAD"，按住【Shift+Alt】组合键，并将鼠标指针置于矩形右上角，拖动鼠标将矩形旋转90°，如图10-91所示。

图10-89　对齐图形

图10-90　"多边形"对话框

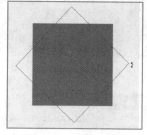

图10-91　绘制多边形

STEP 13 将矩形移至两个圆形的中下方位置，选择圆形和矩形，如图10-92所示。打开"路径查找器"面板，单击"联集"按钮 ，得到图10-93所示的心形。

STEP 14 将心形移至文字中间空白区域处，如图10-94所示。然后在原位复制心形，并填充白色，再将其缩小，得到图10-95所示的效果。

图10-92　选择圆形和矩形

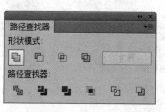

图10-93　联集圆形和矩形

图10-94 移动心形

图10-95 复制并调整心形

10.2.2 名片设计

名片又称卡片,上面有个人姓名、地址、职务、电话号码和邮箱等信息。名片主要用于新朋友互相认识、自我介绍或向他人推销自己。下面将制作名片,最终效果如图10-96所示。

视频教学
名片设计

知识要点: 矩形工具;钢笔工具;文字工具;多边形工具;椭圆工具。

素材文件: 素材\第10章\木纹.jpg。

效果文件: 效果\第10章\名片.ai、名片效果图.ai。

图10-96 名片效果

1. 案例分析

名片在设计、排版、印刷上都要讲究艺术审美性,但其与艺术作品又有明显的区别。它不需要像艺术作品那样具有超高的审美价值,但其注重辨识性。因此,名片设计要在强调艺术感的基础上,层次分明,给人留下过目难忘的印象。

名片设计需要注意3个方面:简、易、准。

● 简:明确名片所要传达的主要信息,一般要求简洁明了、构图完整清晰。

● 易:要求名片易于识别、方便记忆,达到言简意赅的作用。

● 准:要求名片尽量在短时间内传递准确的信息。

要满足名片设计的3个重要元素,就要了解以下3方面的内容。

● 名片持有者的身份与职业。

● 名片持有者的工作单位、工作性质及职位。

● 名片持有者工作单位所从事的业务范畴。

2. 操作思路

在制作名片前需要理清思路，本实例要依次完成以下3项内容。

● 正面轮廓的制作：使用矩形工具 ▣、钢笔工具 ▨、直线段工具 ∕、椭圆工具 ◯ 制作名片正面轮廓，在制作时可对矩形添加渐变颜色，效果如图10-97所示。

● 正面文字输入：在正面轮廓部分输入文字，调整文字大小和颜色，效果如图10-98所示。

● 背面制作：制作蓝色背景，并添加店铺Logo，使整个名片前后统一，效果如图10-99所示。

图10-97　正面轮廓的制作

图10-98　正面文字输入

图10-99　背面制作

3. 操作过程

具体操作步骤如下。

STEP 01 选择【文件】/【新建】命令，打开"新建文档"对话框，在"名称"文本框中输入"名片"，然后设置图像窗口"数量"、"宽度"和"高度"分别为2、54 mm和90 mm，单击 **确定** 按钮，如图10-100所示。

STEP 02 选择矩形工具 ▣，在左侧的图像窗口上绘制与图像窗口相同大小的矩形，并将其填充为白色，再按【Ctrl+2】组合键将其锁定。选择钢笔工具 ▨，在白色背景上方绘制图形，并填充为"#048692"，如图10-101所示。继续使用钢笔工具 ▨ 在蓝色图形下方绘制线条，并填充为"#DCBD19"，如图10-102所示。

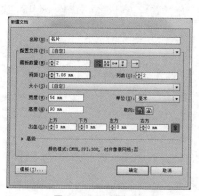

图10-100　新建文档

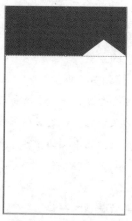

图10-101　绘制图形

图10-102　绘制并填充线条

STEP 03 选择矩形工具■，在最下方绘制一个矩形，再按【Ctrl+F9】组合键打开“渐变”面板，设置“类型”为“线性”，渐变颜色从左到右依次为“C10、M20、Y90、K10”“C82、M33、Y40、K0”“C30、M0、Y81、K0”，如图10-103所示。

STEP 04 选择直线段工具■，绘制一条直线，如图10-104所示。

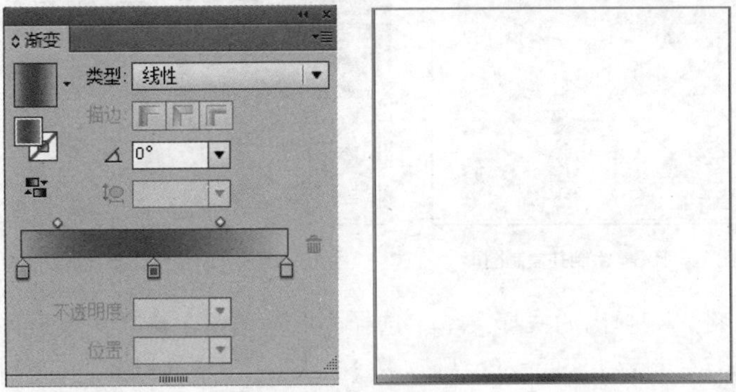

图10-103 填充图形

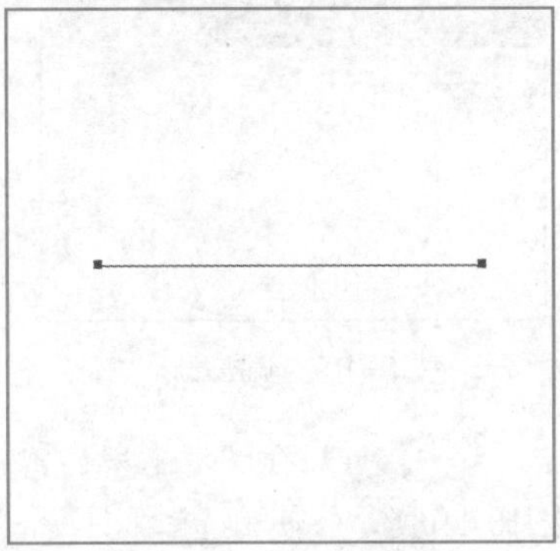
图10-104 绘制直线

STEP 05 选择【窗口】/【画笔库】/【装饰】/【装饰_散布】命令，打开“装饰_散布”面板，单击面板中的“透明方形”画笔样式，即可得到图10-105所示的图形效果。

STEP 06 保持图形的选择状态，在工具属性栏中设置“描边粗细”为0.25 mm，此时，图形将变小，将鼠标指针放在线条右侧的控制点上，拖动鼠标旋转图形，然后将其移至左上角的图形处，如图10-106所示。

STEP 07 按3次【Ctrl+[】组合键，将图形放于蓝色的色块下方，选择【对象】/【扩展外观】命令扩展图形，并在图形上单击鼠标右键，在弹出的快捷菜单中选择【取消编组】命令，打散图形。然后使用选择工具■选择矩形，调整矩形宽度后，将不同矩形分别填充为“#DCBD19”、“#048692”或“#A0C125”，并分别设置不同色块的“不透明度”为30%或50%，即可得到图10-107所示的图形效果。

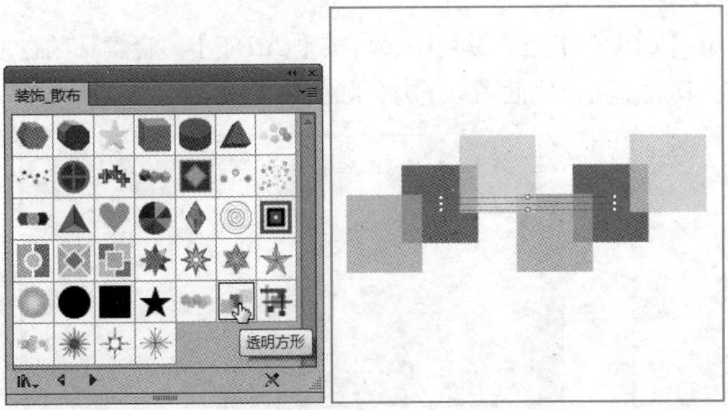

图10-105 得到方块图形

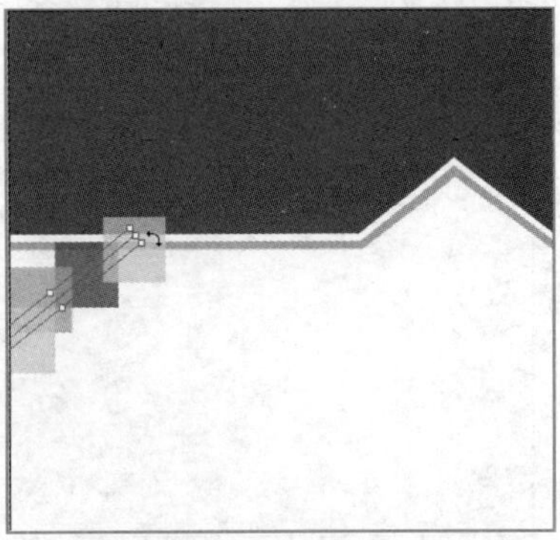
图10-106 旋转图形

STEP 08 选择椭圆工具■，绘制一个图形，填充为白色，保持图形的选择状态，再按住【Alt】键拖动鼠标，在图形四周复制4个圆形，并填充为“#DBDADB”，如图10-108所示。选择

5个圆形，按【Shift+Ctrl+F9】组合键打开"路径查找器"面板，单击"分割"按钮，如图10-109所示。

图10-107 调整图形

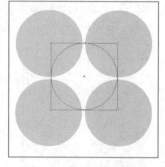

图10-108 绘制并复制图形

图10-109 "路径查找器"面板

STEP 09 在图形上单击鼠标右键，在弹出的快捷菜单中选择【取消编组】命令，效果如图10-110所示。使用选择工具 依次选择分割后边缘的灰色图形，按【Delete】键将其删除，可得到图10-111所示的图形效果。

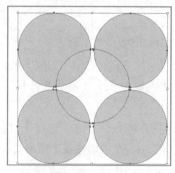

图10-110 取消图形编组

图10-111 分割后的图形

STEP 10 选择分割图形，按【Ctrl+G】组合键将其编组，再按住【Alt】键拖动鼠标向右侧和下方分别复制多个相同的图形，如图10-112所示。

STEP 11 选择顶部的蓝色图形，按【Ctrl+C】组合键复制，再按【Ctrl+F】组合键粘贴在前面，并设置"无填充"和"无描边"，将其放于蓝色块面图形上方，如图10-113所示。

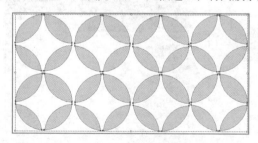

图10-112 复制图形

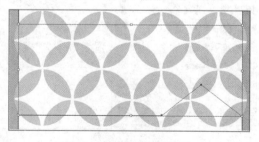

图10-113 复制并排列图形

STEP 12 同时选择矩形和圆形，再次打开"路径查找器"面板，单击"分割"按钮，得到图10-114所示的图形效果。

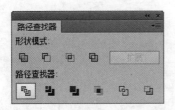 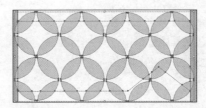

图 10-114　分割图形

STEP ⑬　使用选择工具 选择矩形分割外的圆形花纹图形，按【Delete】键删除，得到图10-115所示的图形效果。选择图形，将其置于顶部蓝色图形的上方，打开"透明度"面板，设置"混合模式"为"正片叠底"，"不透明度"为"30%"，如图10-116所示。

图 10-115　删除图形　　　　　　　图 10-116　设置不透明度

STEP ⑭　此时，即可得到透明暗花纹效果。使用钢笔工具 在左下角绘制标志底层的矩形，并填充为"#048692"，如图10-117所示。

STEP ⑮　继续使用钢笔工具 在矩形上绘制3个树叶图形，并分别填充为"#5EBEAA""#A0C125""#DCBD19"，如图10-118所示。

图 10-117　绘制矩形图形　　　　　　图 10-118　绘制图形

STEP ⑯　选择3个树叶图形，选择【效果】/【风格化】/【投影】命令，打开"投影"对话框，选中"预览"复选框，设置"模式"、"不透明度"、"x位移"、"y位移"和"模糊"分别为"正片叠底"、100%、0.5 mm、0.5 mm和1 mm，单击 确定 按钮，如图10-119所示。

图 10-119　为图形添加投影

STEP 17 选择文字工具 **T**，在标志图形下方单击鼠标，定位文本插入点，输入文字"海翰广告策划"，并在工具属性栏中设置"字体"、"字体大小"和"颜色"分别为方正兰亭粗黑_GBK、5.5 pt "#A0C125"，如图10-120所示。

STEP 18 使用相同的方法在文字下方输入英文字母"HAIYU GUANG GAO"，并设置"字体"、"字体大小"和"颜色"分别为"方正兰亭粗黑简体"、5 pt和"#A0C125"，如图10-121所示。

STEP 19 继续使用相同的方法输入姓名和职称，并设置字体分别为"方正兰亭黑简体""方正兰亭粗黑简体"，"字体大小"分别为16 pt、8 pt、12 pt，"颜色"分别为"#0B8690""黑色""灰色"，如图10-122所示。

图10-120　输入文字

图10-121　输入英文字母

图10-122　输入文字

STEP 20 选择文字工具 **T**，在右下角拖动鼠标绘制一个文本框，如图10-123所示。

STEP 21 在文本框中输入手机号码、邮箱等信息，单击工具属性栏中的"字符"文本，打开"字符"面板，设置"字体"、"字体大小"和"行距"分别为"微软雅黑"、5.5 pt和10 pt，如图10-124所示。设置完成后的效果如图10-125所示。

图10-123　绘制文本框

图10-124　设置字符格式

图10-125　字体效果

STEP 22 选择矩形工具 **□**，在右侧的空白画板上绘制一个矩形，并填充颜色"#048692"，如图10-126所示。

STEP 23 使用前面相同的方法绘制透明暗花纹图形，设置混合模式和不透明度之后，将其放于背景图形上方，效果如图10-127所示。

STEP 24 继续使用矩形工具 在图形上绘制一个矩形，并填充为白色，如图10-128所示。

图 10-126 绘制矩形   图 10-127 绘制花纹图形   图 10-128 绘制矩形

STEP 25 再选择直线段工具 ，在白色矩形上方和下方分别绘制两条直线，分别设置"描边粗细"为0.25 mm和0.35 mm，"描边颜色"为白色和"#DCBD19"，效果如图10-129所示。

STEP 26 选择左侧的标志图形，按住【Alt】键的同时拖动鼠标复制图形，将其移至右侧白色矩形的中间位置，如图10-130所示。然后将鼠标指针放于标志右下角的控制点上，在按住【Shift+Alt】组合键的同时，拖动鼠标放大标志图形，得到图10-131所示的图形效果。

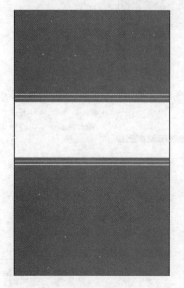

图 10-129 绘制直线   图 10-130 复制标志   图 10-131 放大图形

STEP 27 按【Alt+Ctrl+2】组合键将锁定的图形全部解锁，再选择【文件】/【新建】命令，打开"新建文档"对话框，在"名称"文本框中输入"名片效果图"，在"大小"下拉列表框中选择"A4"选项，单击 确定 按钮，新建文档，如图10-132所示。

STEP 28 打开"木纹.jpg"素材文件，选择木纹图形，按【Ctrl+C】组合键复制，再切换到新建的文档中，按【Ctrl+V】组合键粘贴，并将木纹图形调至与图像窗口相同的大小，如图10-133所示。

图10-132　新建文档　　　　　　　　　　　　　图10-133　添加素材

STEP 29 切换到"名片"文档中，分别选择正面和背面图形，按【Ctrl+G】组合键编组，然后使用复制和粘贴的方法将名片粘贴到"名片效果图"文档中，并调整其大小，如图10-134所示。

STEP 30 选择左侧名片的正面图形，单击鼠标右键，在弹出的快捷菜单中选择【置于顶层】命令，将图形置于顶层，如图10-135所示。

图10-134　复制并粘贴图形　　　　　　　　　　图10-135　排列图形

STEP 31 保持图形的选择状态，将鼠标指针置于图形右下角，当鼠标指针变为 ↵ 形状时，按住鼠标左键不放并拖动，旋转图形角度，如图10-136所示。

STEP 32 使用相同的方法旋转右侧的名片，并移动其位置，效果如图10-137所示。

STEP 33 选择名片正面和背面图形，选择【效果】/【风格化】/【投影】命令，打开"投影"对话框，选中"预览"复选框，设置"模式"、"不透明度"、"x位移"、"y位移"和"模糊"分别为"正片叠底"、100%、0 mm、1.5 mm和1 mm，如图10-138所示。

图10-136 旋转图形角度

图10-137 调整图形

STEP 34 单击 确定 按钮，返回图像窗口，可查看名片添加投影后的效果，如图10-139 所示。

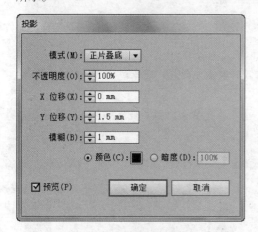

图10-138 为图形添加投影

图10-139 添加投影后的效果

10.2.3 画册封面设计

封面是装帧艺术的重要组成部分，封面设计的效果直接影响作品的销量。下面将利用素材中的图片制作一本画册的封面与底面，最终效果如图10-140所示。

知识要点：矩形工具；钢笔工具；文字工具；多边形工具；椭圆工具。

素材文件：素材＼第10章＼画册封面＼。

效果文件：效果＼第10章＼画册封面.ai。

1. 案例分析

封面可直接反映作品的特点，其重要性不言而喻。封面主要通过文字、图片、主题、形

图10-140 画册效果

式等方式来表现作品特点，其中文字是点、线、面设计的综合体，封面中可以没有图片，但不能没有文字。优秀的封面不仅能够给人眼前一亮的视觉享受，还能够体现画册本身的内在价值。画册封面设计需要重点把握以下4个元素。

● 封面字体：封面中除书名外，均需使用印刷字体，如书法体、美术体、印刷体。此外，还要注意文字的大小、样式和文字的布局，以提高封面的层次感，在第一时间展现和传递信息。

● 封面外形：主要包括方版、横版、竖版3类，一般视客户需求而定。画册的外形会影响内页的呈现效果，但每个人的审美倾向不同，设计的外形也就不同，在此就不过多介绍。

● 封面色彩：封面色彩的重要性不言而喻。要选择合适的色彩和字体搭配以提高画册整体的美感，比如选用灰色作为整体背景，字体颜色可以选用鲜艳、色彩纯度高一点的色调。总体视具体情况而定。

● 封面构思：封面构思中，叠加易，舍弃难。如果将所有的想法予以堆砌，反而会起到画蛇添足的作用。因此，对于可有可无的细节，应学会做"减法"。

2. 操作思路

在制作画册封面前需要理清思路，本实例要依次完成以下3项内容。

● 制作基础封面：给画册封面添加参考线，并在右侧依次添加图片，完成后使用矩形工具 绘制不同颜色的矩形，效果如图10-141所示。

● 添加左侧封面底纹：在右侧黄色矩形上方添加底纹，并在下方的矩形中添加图片，效果如图10-142所示。

● 添加文字：在整个画册的封面上，输入不同大小的文字，如图10-143所示。

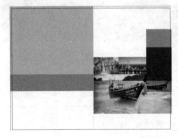

图10-141 制作基础封面　　　　　图10-142 添加左侧封面底纹　　　　　图10-143 添加文字

3. 操作过程

具体操作步骤如下。

STEP 01 新建一个大小为210 mm×285 mm、出血为3的文档，使用矩形工具 绘制一个与图像窗口相同大小的矩形，填充颜色为"白色"，并按【Ctrl+2】组合键将其锁定，然后按【Ctrl+R】组合键显示标尺，从标尺上拖动参考线至图像窗口的居中位置，如图10-144所示。

STEP 02 打开"风景1.jpg""风景2.jpg""风景3.jpg"素材文件，分别选择图片，使用复制和粘贴的方法将图片拷贝到当前文档中，调整大小后将图片排列为图10-145所示的效果。

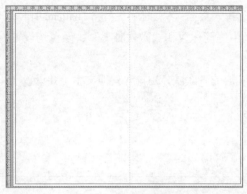

图10-144　新建文档

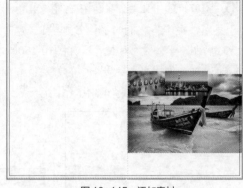

图10-145　添加素材

STEP 03 选择矩形工具 ▣，在图像窗口的左右侧分别绘制多个矩形，并从左至右分别填充为 "#F8B62C" "#38AEBA" "#133366" "#7EB7C9"，如图10-146所示。

STEP 04 使用选择工具 ▶ 选择右下角的蓝色矩形，按【Shift+Ctrl+F10】组合键打开"透明度"面板，在其中设置混合模式为"正片叠底"，效果如图10-147所示。

图10-146　绘制矩形

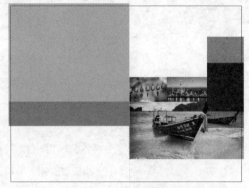

图10-147　设置图形的混合模式

STEP 05 打开"风景4.jpg""风景5.jpg""风景6.jpg""风景7.jpg"素材文件，分别选择图片，使用复制和粘贴的方法将图片拷贝到当前文档中，调整大小并将图片放于左侧蓝色的矩形条上，然后按住【Shift】键同时选择这4张图片，单击工具属性栏中的"垂直居中对齐"按钮 ▣▣，使这4张图片垂直居中对齐，如图10-148所示。

STEP 06 打开"纹理.ai"素材文件，将其拖到左侧黄色区域，打开"透明度"面板，设置"不透明度"为20%，如图10-149所示。

图10-148　对齐对象

图10-149　添加纹理

STEP **07** 使用文字工具 T 在右侧深蓝色图形上输入文字"泰国旅行"和"Thailand Travel"，并在工具属性栏中将它们的字体分别设置为"时尚中黑简体"和"微软雅黑"，颜色均设置为白色，完成后调整字体大小和位置，如图10-150所示。

STEP **08** 使用与上一步相同的方法，继续在画册的各区域分别输入其他文字，并设置字体、字体大小和字体颜色，效果如图10-151所示。

图10-150 输入"泰国旅行"文字   图10-151 输入其他文字

STEP **09** 选择多边形工具 ◎ ，在图像窗口上单击鼠标，打开"多边形"对话框，设置"半径"为1 mm，"边数"为3，单击 确定 按钮，如图10-152所示。得到一个三角形，将其填充为黑色，并移至右下角的文字左侧，如图10-153所示。

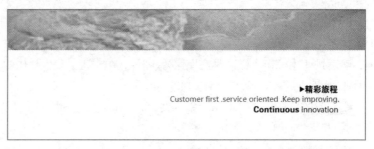

图10-152 设置多边形参数   图10-153 调整图形位置

STEP **10** 使用直线段工具 ✏ 在左下角的文字中间绘制两条直线，如图10-154所示。再选择两条直线，按【Ctrl+F10】组合键，打开"描边"面板，分别单击"圆头端点"按钮 ⊏ 和"圆头连接"按钮 ⊏ ，再选中"虚线"复选框，在下方的"虚线"和"间隙"文本框中分别输入0.01 mm和0.6 mm，如图10-155所示。

STEP **11** 按【Ctrl+;】组合键隐藏文档中的参考线，即可看到图10-156所示的效果，完成本实例的制作。

图 10-154 绘制直线

图 10-155 设置描边

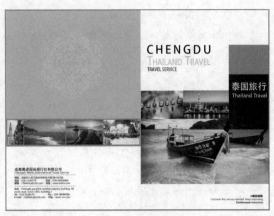

图 10-156 查看完成后的效果

10.3 招贴与手绘

Illustrator CC的一个重要功能就是矢量图形的绘制，在本节较多练习使用鼠标绘制图形，包括设计并制作一幅招贴、绘制小鸟再合成一幅水墨山水画等。

10.3.1 设计并制作招贴

本实案例将制作一幅招贴，主要通过文字工具和多种绘图工具的结合使用，制作主题突出、色调清晰的图像，完成后的效果如图 10-157 所示。

知识要点：文字工具；镜像工具；封套扭曲；矩形工具。

素材位置：素材 \ 第 10 章 \ 光晕图片 .jpg、剪影图片 .ai、地图 .ai。

效果文件：效果 \ 第 10 章 \ 招贴 .ai。

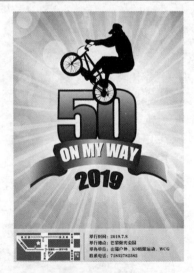

图 10-157 招贴

1. 案例分析

招贴中的"招"是招引注意，"贴"是张贴，结合起来为"招引注意而进行张贴"，它是最初户外广告的主要形式。现代招贴设计不仅具有传播实用信息的价值，还具有极高的艺术欣赏性和收藏性。好的创意能恰当地点破主题，提供新颖的表现手法，引人入胜。要想制作一个优秀的、让人称赞的招贴，素材与手绘内容应相辅相存。本实例的设计思路分析如下。

● 制作前要先了解制作的招贴类型、面向的目标群体等相关信息，从而确定创意。

● 确定制作时使用的颜色、字体及整体风格。

● 本实例主要为一个极限运动制作招贴，因此，应尽量采用年轻、时尚、运动的风格。本实例首先采用一个具有放射感的背景，以体现极限运动的激情四射。然后结合文字工具绘制出象征体育竞技精神的主要图像。最后用一个骑自行车的人物剪影突出活动的主题。

2．操作思路

在设计与制作招贴前需要理清思路，本实例要依次完成以下3项内容。

● 制作招贴背景：新建A4大小的文档，并置入背景图像，效果如图10-158所示。
● 绘制招贴图像：在中间区域输入文字，并对文字进行变形，完成后在文字下方制作飘带并输入"2019"，效果如图10-159所示。
● 完善招贴内容：在招贴图像上方添加剪影突出招贴的主题，并在下方输入招贴的宣传文字，添加地图区域，效果如图10-160所示。

图10-158　制作招贴背景

图10-159　绘制招贴图像

图10-160　完善招贴内容

3．操作过程

具体操作步骤如下。

STEP 01 　新建一个A4大小的文档。置入"光晕图片.jpg"素材，并放于图像窗口中，如图10-161所示。

STEP 02 　选择文字工具 T ，输入文字"50"，创建轮廓，并调整其间距，如图10-162所示。

STEP 03 　选择文字，打开"渐变"面板，给文字填充"C30、M0、Y10、K0"到"C100、M95、Y5、K0"的渐变，如图10-163所示。

图10-161　置入素材文件

图10-162　输入文字并创建轮廓

图10-163　为文字添加渐变填充

STEP 04 　选择文字，设置其描边颜色为"C100、M100、Y25、K25"，并设置"描边大小"为6 pt，如图10-164所示。

STEP 05 使用钢笔工具 绘制飘带的主体部分，并填充为蓝色渐变。然后使用钢笔工具 绘制飘带的带尾部分，并填充为浅蓝到深蓝的渐变，如图10-165所示。

STEP 06 把飘带的带尾部分和飘带主体重叠放置，并设置带尾部分在主体部分的后面，复制一次带尾部分并粘贴在带尾部分后面，填充90%的黑色，作为带尾部分的阴影，如图10-166所示。

图10-164　为文字描边　　　　图10-165　绘制飘带　　　　图10-166　绘制尾部阴影

STEP 07 选择绘制的飘带，选择镜像工具 ，制作另一侧的飘带尾部，如图10-167所示。

STEP 08 使用文字工具 输入"ON MY WAY"，设置"字体""填充颜色"分别为"Impact"和白色，复制文字并粘贴到文字下方图层，将复制的文字填充为90%的黑色作为原文字的阴影部分，如图10-168所示。

图10-167　镜像飘带　　　　　　　图10-168　添加文字及其阴影

STEP 09 选择文字，选择【对象】/【封套扭曲】/【用变形建立】命令，在打开的"变形选项"对话框中设置弯曲值，使文字的弯曲度与飘带的弯曲度相同，完成后单击 确定 按钮，效果如图10-169所示。

图10-169　变形文字

STEP 10 使用文字工具 输入"2019"，设置"字体"、"字体大小"、"字体颜色"、"描边颜色"和"描边粗细"分别为"Impact"、70 pt、"C100、M95、Y5、K0"、"C100、M100、Y25、K25"和3 pt，如图10-170所示。

图10-170　输入文字并进行相关设置

STEP **11** 选择文字，选择【对象】/【封套扭曲】/【用变形建立】命令，在打开的"变形选项"对话框中设置"弯曲"为25%，单击 确定 按钮，如图10-171所示。

图10-171 变形文字

STEP **12** 将几个对象组合在一起，让飘带遮住"50"的下半部分，效果如图10-172所示。

STEP **13** 置入"剪影图片.ai"素材文件，放到"50"上方合适的位置，如图10-173所示。

STEP **14** 使用矩形工具 创建一个210 mm×40 mm的矩形，并填充为白色，再调整其"不透明度"为60%，将矩形放到底部，与底边对齐，作为输入文字的区域，如图10-174所示。

图10-172 调整对象顺序　　　　图10-173 添加素材文件　　　　图10-174 绘制矩形文字区域

STEP **15** 在刚刚绘制的矩形文字区域中，输入举行时间、举行地点、举办单位、联系电话等信息，如图10-175所示。

STEP **16** 使用直线段工具 在文字的左侧绘制一条直线，并填充为黑色，如图10-176所示。

STEP **17** 打开"地图.ai"素材文件，将其拖到文字左侧，调整大小和位置，效果如图10-177所示。

图10-175 输入文字　　　　图10-176 绘制直线　　　　图10-177 添加地图

10.3.2　绘制小鸟水墨装饰画

本实例将通过网格工具来制作小鸟羽毛的写实效果，小鸟制作完成后打开写实小鸟背景，将小鸟添加到其中，调整小鸟的大小和位置，并添加文字，制作的小鸟水墨装饰画最终效果如图10-178所示。

视频教学
绘制小鸟水墨
装饰画

知识要点：钢笔工具；网格工具；椭圆工具。

素材位置：素材\第10章\小鸟装饰画\。

效果文件：效果\第10章\小鸟装饰画.ai。

图10-178　小鸟水墨装饰画

1.　案例分析

装饰画是一种集装饰功能和美学欣赏于一体的艺术品。随着科学技术的进步与发展，装饰画的载体与表现形式越来越丰富，大大提高了人们对生活品质的追求和热爱。装饰画可分为现代装饰画、黑白装饰画、欧式装饰画、美式装饰画、中式装饰画和卡通装饰画等。

装饰画的风格要根据装修和主体家具的风格来决定，同一环境中的画风要一致，不能有大的冲突，否则会让人感到杂乱和不适，比如将国画与现代抽象画放在同一空间，就会显得不伦不类。本实例中制作的水墨装饰画是中式装饰画。

2.　操作思路

在制作小鸟水墨装饰画前需要理清思路，本实例要依次完成以下4项内容。

●制作小鸟头部：使用钢笔工具 、网格工具 、椭圆工具 制作小鸟头部，效果如图10-179所示。

●制作小鸟身体部分：使用制作小鸟头部的方法，继续制作小鸟的身体部分，注意渐变要合理，效果如图10-180所示。

●制作小鸟脚部：在小鸟的右下角绘制小鸟脚部，并绘制小鸟脚部的阴影和高光，如图10-181所示。

●添加背景：将小鸟融入提供的背景与素材中，完成水墨画的制作，如图10-182所示。

图10-179　制作小鸟头部

图10-180　制作小鸟身体部分

图10-181　制作小鸟脚部

图10-182　添加背景

3.　操作过程

具体操作步骤如下。

STEP 01　新建一个大小为A4的文档，选择钢笔工具 绘制小鸟的上嘴唇图形，如图10-183所示。选择网格工具 ，在图形中依次单击鼠标添加多个网格点，并使用直接选择工具 选择网格点，调整网格的位置，然后分别为每个网格点填充颜色，效果如图10-184所示。

STEP 02 使用相同的方法绘制小鸟的下嘴唇图形，并填充为黑色，然后使用网格工具 在图形中间单击添加一个网格点，并设置网格颜色为"#4F454D"，如图10-185所示。使用钢笔工具 绘制小鸟的羽毛图形，并填充为"#E5C260"，如图10-186所示。

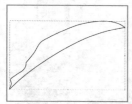   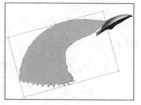

图10-183　绘制图形　　图10-184　添加网格点和颜色　　图10-185　绘制下嘴唇图形　　图10-186　填充颜色

STEP 03 使用相同的方法在羽毛图形上继续绘制羽毛图形，并填充为"#77603B"，如图10-187所示。选择两个羽毛图形，按【Alt+Ctrl+B】组合键为对象创建混合，得到图10-188所示的效果。

STEP 04 保持图形的选择状态，选择【对象】/【混合】/【混合选项】命令，打开"混合选项"对话框，选中"预览"复选框，在"间距"下拉列表中选择"指定的步数"选项，在右侧的文本框中输入"6"，单击 确定 按钮，得到图10-189所示的图形效果。

 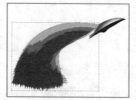 

图10-187　绘制图形　　　图10-188　创建混合　　　　　图10-189　设置混合选项

STEP 05 继续使用钢笔工具 在羽毛图形上绘制两个羽毛图形，分别填充为"#625335"和"#37332B"，如图10-190所示。按【Alt+Ctrl+B】组合键为对象创建混合，并打开"混合选项"对话框，选中"预览"复选框，在"间距"下拉列表中选择"指定的步数"选项，在右侧的文本框中输入"4"，单击 确定 按钮，如图10-191所示。

STEP 06 返回图像编辑窗口，即可查看混合效果。继续使用钢笔工具 在羽毛图形上方绘制图形，并填充为"#A27E47"，效果如图10-192所示。使用钢笔工具 在右侧的空白区域绘制图形，并填充为"#5C4B35"，效果如图10-193所示。

图10-190　绘制图形　　图10-191　创建混合　　图10-192　绘制图形　　图10-193　绘制图形

STEP 07 选择该图形，按住【Alt】键并拖动鼠标向左上角移动，复制图形，效果如图10-194

所示。设置复制图形的颜色为"#5C4B35"，效果如图10-195所示。

STEP 08 使用相同的方法继续复制图形，并分别填充颜色，得到图10-196所示的效果。然后使用与前面相同的方法绘制小鸟下颚的羽毛图形，效果如图10-197所示。

图10-194　复制图形　　图10-195　填充颜色　　图10-196　复制并填充图形　　图10-197　绘制羽毛

STEP 09 继续使用钢笔工具在羽毛图形上绘制鬃毛图形，并分别填充为"#2D2626"和黑色，如图10-198所示。使用钢笔工具绘制眼睛轮廓图形，并填充为"#18180B"，如图10-199所示。

STEP 10 保持图形的选择状态，按【Ctrl+C】组合键复制，再按【Ctrl+F】组合键粘贴，将鼠标指针置于右上角的控制点上，按住【Shift+Alt】组合键的同时，向内侧拖动鼠标，缩小图形，然后填充为"#6E6754"，如图10-200所示。使用相同的方法向内复制并填充不同的颜色，得到图10-201所示的效果。

  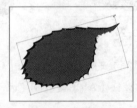 

图10-198　绘制图形　　图10-199　绘制眼睛轮廓　　图10-200　绘制眼睛　　图10-201　绘制眼睛轮廓

STEP 11 继续使用钢笔工具在眼睛轮廓内绘制眼框图形，并填充为"#757D84"，如图10-202所示。使用与前面相同的方法向内复制并缩小图形，然后分别填充颜色，得到图10-203所示的图形。

STEP 12 继续使用钢笔工具绘制眼珠图形，并填充为黑色，如图10-204所示。继续使用钢笔工具绘制高光图形，填充为"#134170"，如图10-205所示。

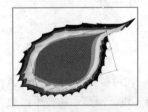   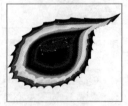

图10-202　绘制眼框　　图10-203　绘制眼睛内轮廓　　图10-204　绘制眼珠　　图10-205　绘制高光

STEP 13 选择椭圆工具，在蓝色图形上方绘制多个椭圆，并分别填充为"#6C7EBD"、"#9CC3E8"和白色，如图10-206所示。继续使用钢笔工具绘制一个三角形高光图形，填充为"#876A72"，在工具属性栏中设置"不透明度"为30%，如图10-207所示。

STEP 14 使用相同的方法在透明图形上方绘制两个小三角形高光图形，并分别设置颜色和不透明度，效果如图10-208所示。选择眼睛图形，按【Ctrl+G】组合键将其编组，并移至鬓毛图形上方，如图10-209所示。

图10-206　绘制高光　　　图10-207　绘制高光　　　图10-208　绘制高光　　　图10-209　调整眼睛位置

STEP 15 使用前面相同的方法继续绘制小鸟身体上的羽毛图形，效果如图10-210所示。使用钢笔工具 ✍ 绘制小鸟尾巴羽毛图形，并填充为"#1F1718"，如图10-211所示。

STEP 16 使用第10步的方法复制并缩小图形，然后分别填充不同的颜色，效果如图10-212所示。

  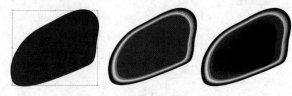

图10-210　绘制羽毛　　图10-211　绘制尾巴　　　　　　　图10-212　绘制并填充图形

STEP 17 选择绘制完成的尾巴图形，按【Ctrl+G】组合键将其编组，并放于小鸟身体羽毛的下方，如图10-213所示，按住【Alt】键复制尾巴图形，再按【Shift+Ctrl+[】组合键置于底层，效果如图10-214所示。

STEP 18 使用相同的方法复制尾巴图形，然后调整其位置和大小，得到图10-215所示的效果。使用前面相同的方法绘制小鸟的其他尾巴图形，最终效果如图10-216所示。

图10-213　调整尾巴图形　　　图10-214　复制图形　　　图10-215　复制尾巴图形　　　图10-216　绘制图形

STEP 19 使用钢笔工具 ✍ 绘制小鸟的脚部，并填充为"#6A5A55"，再按【Shift+Ctrl+[】组合键置于底层，如图10-217所示。继续在脚上方绘制图形，将其填充为黑色，得到立体效果，如图10-218所示。

STEP 20 继续使用钢笔工具 ✍ 绘制小鸟脚部的高光图形，并填充为"#D7CDCA"，如图10-219所示。打开"写实小鸟背景.jpg"文件，将绘制的小鸟拖至其中，调整小鸟的大小和位置。打开"小鸟文字.ai"素材文件，将其中的文字拖至背景的上方，保存并查看完成后的效果，如图10-220所示。

图10-217 绘制小鸟脚部　图10-218 为脚部填充颜色　图10-219 添加高光　图10-220 移动小鸟并添加背景和文字

10.4　上机实训——清爽立体字设计

10.4.1　实训要求

本实训将制作清爽立体字，主要涉及3D功能、渐变和不透明蒙版等操作，要求制作的文字不仅具有立体效果，而且具有水滴效果。

10.4.2　实训分析

清爽字体属于特效字体中的一种，常用于海报、招贴中。要体现立体感，需要增强素材的立体性，可使用3D功能来加强，并结合其他素材营造整体的立体感。本实训的参考如图10-221所示。

素材位置： 素材\第10章\上级实训\清爽立体字\。

效果文件： 效果\第10章\上级实训\清爽立体字.ai。

视频教学
清爽立体字设计

图10-221　清爽立体字效果

10.4.3　操作思路

本实训需要完成的主要操作包括输入文字、制作3D文字、添加文字颜色、添加素材，操作思路如图10-222所示。

图10-222　操作思路

【步骤提示】

STEP 01　新建一个A4大小的文档，打开"背景.jpg"素材文件，将其复制到当前新建的文档中，并调整到与图像窗口相同的大小。在工具箱中选择文字工具 T ，在背景图像上输入大写文字"D"，并在工具属性栏中设置"字体"为"汉真广标"，"字体大小"为160 pt，"颜色"为白色。

STEP 02 选择文字，选择【效果】/【3D】/【凸出和斜角】命令，打开"3D 凸出和斜角选项"对话框，选中"预览"复选框，在"位置"栏中分别设置"旋转"为"26°""27°""11°"，在"凸出与斜角"栏中设置"凸出厚度"为50 pt，在"斜角"下拉列表中选择第二个选项，设置"高度"为3 pt，其他选项保持默认，单击 确定 按钮。

STEP 03 返回图像窗口，即可看到为文字"D"创建的3D凸出效果。然后使用相同的方法为"esign"创建角度不同的3D凸出效果，并将其排列。

STEP 04 选择所有文字，选择【对象】/【扩展外观】命令。然后依次选择文字，并两次单击鼠标右键，在弹出的快捷菜单中选择【取消编组】命令，将文字解组，解组后选择字体的正面效果。

STEP 05 使用鼠标单击"D"文字表面最上面的一面，将其选择，按【Ctrl+F9】组合键打开"渐变"面板，设置"类型"和"角度"分别为"线性"和90°，渐变颜色为"C35、M100、Y15、K30"到白色。然后使用相同的方法分别为其他文字表面添加不同颜色的线性渐变。打开"水珠.jpg"素材文件，选择图像，按【Ctrl+C】组合键，再切换到当前文档中按【Ctrl+F】组合键粘贴，然后调整图像大小。

STEP 06 按住【Shift】键的同时，依次单击文字表面，选择所有文字表面，按【Ctrl+G】组合键编组，再选择文字表面和素材图像。按【Shift+Ctrl+F10】组合键打开"透明度"面板，单击面板右上角的■按钮，在弹出的下拉菜单中选择【建立不透明蒙版】命令。

STEP 07 此时，即可创建不透明蒙版，得到水珠文字效果。再打开"花纹.ai"素材文件，使用前面相同的方法将其复制、粘贴到当前文档中，并调整图案位置。

10.5 课后练习

1. 练习1——*制作 Logo*

本练习将先制作背景效果，绘制Logo图像，最后输入文字，完成的效果如图10-223所示。

效果所在位置：效果 \ 第10章 \ 课后练习 \ Logo.ai。

2. 练习2——*绘制卡通人物图像*

本练习将使用钢笔工具 🖊、椭圆工具 ⬭ 等绘制卡通人物，再通过网格工具 🔲、混合工具 🖿、渐变和羽化等功能绘制卡通人物的眼睛、头发、皮肤和衣服等，使其层次分明，从而得到逼真的卡通人物效果，完成后的参考效果如图10-224所示。

素材所在位置：素材 \ 第10章 \ 课后练习 \ 背景.ai。

效果所在位置：效果 \ 第10章 \ 课后练习 \ 卡通人物图像.ai。

图10-223 Logo图像

图10-224 卡通人物图像